Cultivation of Large Container Seedlings

大规格容器苗培育学

李国雷 主编

中国林业出版社

·北京·

图书在版编目（CIP）数据

大规格容器苗培育学 / 李国雷主编. -- 北京：中
国林业出版社, 2020.10
ISBN 978-7-5219-0849-7

Ⅰ.①大… Ⅱ.①李… Ⅲ.①苗木—容器育苗 Ⅳ.
①S723.1

中国版本图书馆CIP数据核字(2020)第202077号

中国林业出版社·自然保护分社（国家公园分社）

策划编辑： 刘家玲
责任编辑： 刘家玲　宋博洋

出版 中国林业出版社（100009　北京市西城区德内大街刘海胡同 7 号）
　　　　http://www.forestry.gov.cn/lycb.html　　　电话：（010）83143625　83143519
发行 中国林业出版社
印刷 河北京平诚乾印刷有限公司
版次 2020 年 10 月第 1 版
印次 2020 年 10 月第 1 次印刷
开本 787mm×1092mm　1/16
印张 8
字数 195 千字
定价 90.00 元

《大规格容器苗培育学》
编写人员

主 编

李国雷（北京林业大学）

副主编

朱明征（俄乐岗苗木繁育技术有限公司）

王佳茜（北京林业大学）

李迎春（北京市黄垡苗圃）

袁启华（北京市温泉苗圃）

张 瑞（北京林业大学）

我国绿化面积和苗木用量居世界首位。长期以来，我国苗木培育研究主要以小规格苗木为对象，尤其是造林绿化苗木，理论成果很好地指导了苗木生产。大规格苗木尽管生产中应用较多，但由于材料均一性、研究周期性、操作复杂性等，大规格苗木培育科学研究相对滞后，因此亟需加强大规格苗木培育理论与技术研究工作。另一方面，城市树木健康及景观功能不仅仅依赖管护水平，更直接取决于苗木质量，城市绿化的起点在苗圃，那么苗木培育工作者承担的责任更加重大，也需科研成果指导大规格苗木培育。

大规格容器苗能够满足反季节绿化要求，栽植后具有成活率高、景观形成快、管护成本低等优势，应用日益增多。我国大规格苗木培育体系极具特色，现阶段主要以土球苗移栽至容器为主，裸根苗、轻基质容器苗上盆培育大规格容器苗正处于萌芽状态，形成我国大规格容器苗特色培育技术以应对独特性的我国苗木产业需要具有特殊意义。正是在这种背景下，本书应运而生。

编写组采用文献分析、实地调研、科学研究相结合的方法编撰出大规格容器苗培育的教材。编写组成员组成结构合理，既有北京林业大学科研人员，尤其是落叶栎研究中心的研发人员，又有来自山东俄乐岗苗木繁育技术有限公司、北京市黄垡苗圃、北京市大东流苗圃、北京市温泉苗圃等一线技术人员，以求本书尽能反映国内外培育理论底蕴，尽能取得落地的大规格容器苗培育。本书初步建立了大规格容器苗培育体系，并以图片、视频形式展示了关键技术，能够使读者更为高效获取知识，体现了理论知识与科普相统一的特点。

我国现阶段大规格容器苗主要选用土球苗移栽至容器进行培育，从长远来看，从轻基质容器苗、裸根苗上盆培育大规格容器苗更符合发展潮流。因此大规格容器苗木培育理想的理念为：选用经济价值高的树种或品种，从1年生苗木开始培育，适时上盆与换盆，保证根系有足够的生长空间，绑杆矫干、修剪整形等伴随着整个培育过程；出圃的容器苗不仅满足树高、胸径、冠幅、分支点等地方或行业标准，还需满足原冠和根团的要求；树体结构合理，主干明显的树种由主干、中心干、中央领导枝、中央领导枝枝头形成纵向骨架，主枝由下至上错落分布、间距合理、渐进式缩小，侧枝交错有致，由主干向外渐次缩小延伸。

本书形成的技术体系较为前沿，能够丰富种苗学教学体系，能够很好地指导原冠苗培育，能够很好地指导苗企适应市场变化。希望该教材能够激起同行关注，深化苗木培育理论与技术，大家共同推进苗木产业升级，为我国绿化事业做出林业人应有的贡献。由于大规格容器苗培育在我国尚属起步阶段，理论与技术研究较为薄弱，加之编写组成员水平和时间有限，不足或错误之处在所难免，敬请同行专家批评指正为盼。

编者

2020 年 10 月

目　录

第 ❶ 章 引 言

　　新事物均是伴随着经济发展和社会需求而产生的，大规格容器苗也不例外。土球苗在我国城市绿化事业中一直扮演着最为重要的角色，但随着城市进程的加快，土球苗已不能很好地满足城市绿化即时成景和频繁反季节施工的要求，经济的发展使得城市尤其是大都市有能力消费得起大规格容器苗。此外，大规格容器苗栽植后具有成活率高、景观形成快、管护成本低等优势，在这些要素驱动下我国对大规格容器苗呈现出使用比例逐渐增大的趋势。

　　现阶段，我国培育大规格容器苗主要是将土球苗移栽至容器中培育，然后再进入工程，移栽时的土球苗规格已经达到大规格、超大规格苗木标准，我国特色育苗制度使得育苗容器规格、基质填充、修剪措施等均不同于国外技术体系，需要集成与我国育苗制度相适应的特色培育技术。此外，我国规模较大的苗圃已开始将小规格容器苗移植至较大规格容器中，经过多次移栽培育成大规格轻基质容器苗，这将是大规格容器苗发展的趋势，因此现阶段在借鉴国外经验的基础上，系统总结育苗技术十分必要。

　　概念是研究的首要条件，定义大规格容器苗并不是件简单的事情。2010年北京市地方标准《大规格苗木移植技术规程》（DB11/T 748—2010）将大规格苗木定义为在苗圃中培育的以及需要从原来的生长处进行移植的胸径在10～25cm的落叶乔木（含地径为8cm以上的落叶小乔木），高度5m以上或地径15cm以上的常绿乔木；将胸径在25cm以上的落叶乔木，树高在8m以上的常绿乔木定义为超大规格苗木。大规格苗木和超大规格苗木均指的是土球苗。培育容器苗时，将土球苗移栽至容器培育，规格将更大。第二，小容器苗逐级移栽培育而成的大规格容器苗的规格则不能太大，否则将会延长培育周期，提高培育成本，致使工程难以接受。第三，培育过大规格容器苗需要开发模具和定制微量生产足够大的容器，成本也难以从苗木利润中消化掉。从学术角度讲，笔者建议相对的、宽泛的概念，即相对于造林用的小规格容器苗，能够适用于新阶段城市绿化工程的落叶乔木、常绿乔木、灌木等树种的容器苗，这些容器苗的规格存在较大差异，均可称为大规格容器苗。现实中，大容器苗规格定义得过小并不受苗圃和客户方欢迎，因为交易价格按照苗木胸径或者高度等进行衡量，苗木在初始几年生长速度偏慢，然后才逐渐加快，如果条件允许，苗圃经营者销售胸径2～4cm规格苗木的意愿并不强烈；施工使用规格过小的容器苗绿化和景观效果难以一时达到要求，规格不足也不受客户青睐。可见，在我国现阶段，大规格容器苗的绝对定义实在难以界定，从学术和现实两个角度考虑，将大规格容器苗定义为胸径6cm及以上（含地径4cm及以上的小乔木）的落叶乔木或者高度3m及以上的常绿乔木，并且在容器中培育至少一个生长季的苗木。从换盆次数和生产节奏来看，这种划分也较为恰当（详见第6章）。

详细来说，现阶段构建大规格容器苗培育技术体系至少有以下三个方面的原因。

（1）城市绿化建设的需要

城市树木是具有生命的城市基础设施，在改善城市环境质量、美化城市景观方面有着不可替代的作用，是城市建设的重要组成部分，是实现城市可持续发展战略的重要生态保障。城市树木健康及景观功能不仅仅依赖栽植后的管护水平，更直接取决于苗木质量。如果苗圃培育技术达不到要求，苗木质量存在一定问题，将会导致栽植后管护成本的增加，树木景观和生态效益发挥不能尽如人意，甚至给人民人身安全带来威胁。因此，城市树木健康以及精准管护的起点在于苗圃，那么苗圃工作者应有更大的责任，将包袱尽可能不传递给城市树木管护者。

近年来我国园林绿化工作取得了可喜的成绩，随着城市绿化建设的持续发展，一年四季移栽大规格全冠苗木已成为现代园林工程的必然要求。在此背景下，土球苗受到越来越大的挑战。首要的原因在于，规格较大的苗木需要提前2～3年在休眠期断根处理，为确保移栽成活率需要在晚秋或早春起苗出圃，难以满足绿化工程全年立项和启动的需求。其次，研究表明，大规格土球苗起苗损失的根系高达60%，栽植后缓苗期长，米径规格每增加2.5cm缓苗期延长1年，米径10cm的土球苗至少需要4年才能恢复正常生长，这将增加苗木死亡率，影响景观效果，增加移栽管护和重植成本。与土球苗形成鲜明对比的是，大规格容器苗具有移栽成活率高、不受栽植季节限制、移栽后景观效果形成快等突出特点，正成为我国城市园林工程的首选。因此，形成大规格容器苗培育技术体系，对于提高城市树木的质量、满足园林绿化工程对大规格容器苗的需求、营建和谐美丽的都市环境、为其他城市建设提供借鉴和参考等方面具有重要意义。

（2）苗木行业发展的需要

我国绿化面积和苗木用量居世界首位，对移栽即成景观要求更高，对苗木规格要求更大，反季节施工频率更强。容器苗移栽根系损失少、移栽成活率高，移栽时修剪强度小，对主干和冠型干扰小，有利于培育原冠苗。"千年秀林""原冠苗"等在绿化工程、苗木培育和营销等环节均改变了人们的认知，越来越多的苗企需要大规格苗木培育技术适应这些变化，越来越多的苗木经营者和使用者关注大规格容器苗。例如，山东济南俄乐岗苗圃早在2014年即开展大规格容器苗培育，涉及143个树种（品种）；2018年北京市温泉苗圃启动了白皮松、油松和元宝枫等乡土树种大规格容器苗培育研究与示范，京彩燕园开展了银红槭、栾树、七叶树、银杏等12个树种双容器大规格苗木培育；2019年北京市黄垈苗圃进行了栎类大规格容器苗培育；北京市大东流苗圃2019年进行元宝枫、国槐、栾树等容器苗培育，2020年进行流苏树和丁香容器苗培育；北京市小汤山苗圃2020年进行油松、白皮松容器苗培育。因此，总结大规格容器苗培育技术对于服务我国苗木企业、促进我国苗木行业健康发展具有重要意义。

（3）建立我国大规格苗木特色培育技术体系的需求

我国城市绿化即时形成景观的需求对苗木规格提出更大的要求，大规格容器苗（起源于

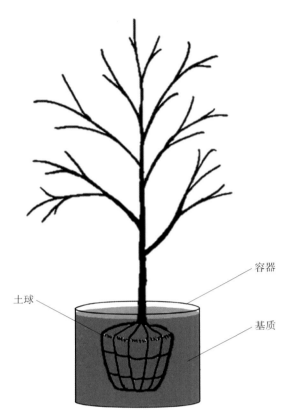

容器

基质

土球

图1-1 土球苗容器化培育

裸根苗、轻基质容器苗）培育周期更长，容器苗培育技术无法从国外借鉴。此外，我国现阶段缺少中小规格的轻基质容器苗，还不能依靠逐次移栽容器苗的方法培育大规格容器苗，生产中更多将土球苗移栽容器培育以满足工程需求，这一特定发展阶段需要解决土球苗移栽至容器时填充轻基质与土球兼容性、灌溉施肥匹配性等技术难题（图1-1）。可见，形成我国大规格容器苗特色培育技术以应对我国独特性的苗木产业需要具有特殊意义。

我国大规格容器苗使用和研究滞后于发达国家，我们可以借鉴发达国家苗木培育理念和技术，但由于树种、环境以及两者互作与这些国家的差异性，需要建立我国乡土树种大规格容器苗培育技术体系。例如，由于苗圃集约培育条件下乡土树种生长速度、根系发育与苗龄的关系尚不清楚，何时将裸根苗移栽至容器中、何时再次换盆以解决根系发育与容器规格间矛盾也不清楚。因此，需要研发和形成我国大规格容器苗培育技术。

我国已经建立起小规格容器苗培育技术体系，但大规格容器苗培育体系有别于小规格苗木（表1-1）。例如，与小规格容器苗相比，大规格容器苗在树种选择上更注重观赏性强、价值高的树种或品种，育苗的基质不宜过重或过轻，需要能够避免风倒的同时便于换盆和移栽。因此，需要尽快凝练和总结大规格容器苗培育技术，形成我国特色的育苗技术体系，提升园林绿化树木苗木质量，推动我国苗木产业良性发展。

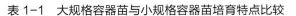

表 1-1　大规格容器苗与小规格容器苗培育特点比较

培育技术	小规格容器苗	大规格容器苗
树种选择	造林树种为主	园林绿化和城市绿化树种
育苗容器	规格小、便于移动	规格大、多次换盆、不易破损
育苗基质	质地疏松、质量轻	不能过重或过轻
培育周期	1~4年	1~10年
灌溉	灌溉系数确定浇水量	基质多、难浇透
修剪	较少使用	频率高

第❷章　树种选择

[本章提要]

　　大规格容器苗具有培养周期长、培育成本高等特点，适用于大规格容器苗培育的树种或品种不同于小规格容器苗。本章结合具体案例，从气候适应性、景观效果、经济收益、居民偏爱、移栽成活和缓苗时间等方面介绍了大规格容器苗树种或品种选择的原则，并列表总结出常见大规格容器苗栽培的树种或品种，论述了树种（品种）生长速度、成树高度和冠径、树冠形状、开花时间和花色等特性。

　　树种或品种选择是容器苗培育的重要一环，与小规格容器苗不同，大规格容器苗占地面积大、种植密度小，且培育技术复杂、培育周期长、成本投入高。因此，培育大规格容器苗，应选择经济价值和收益高、树形优美、生长势强、景观效果好、满足居民偏爱的树种和品种，也可以是深根性树种以及不耐移栽、移栽成活率低的树种。具体来说，大规格容器苗培育树种选择应遵循以下原则。

　　（1）气候适应性强。大规格容器苗体积和质量较大，移动和搬运较难，而冬季可选择的经济、实用的防寒措施有限，苗木长时间暴露在严寒环境中，苗木本身的抗性极为关键。能够适应当地气候，苗期采取必要的防寒、防风、防日灼等措施外，能在露地越冬或者越夏，生长良好。

　　（2）景观效果优。树种选择时要考虑到树种的色彩、树形、姿态，特别是①春季花繁、开花期长的树种，如流苏树、西府海棠、小叶朴（图2-1至图2-3）；②夏季开花树种，如栾树、珍珠梅、木槿等；③季相变化明显的彩叶树种，如银杏、自由人槭'秋天的幻想'、豆梨'秋火焰'、元宝枫'丽红'、北美海棠'太平洋之火'、北美红栎（图2-4）；④彩果秋冬宿存期长的树种，如花楸树（图2-5）、北美海棠'亚当'；⑤观干植物，如油橄榄（图2-6）。

图2-1　流苏树

图2-2　小叶朴

图2-3　西府海棠

图2-4 北美红栎

图2-5 花楸树

图2-6 油橄榄

（3）收益高。培育大规格苗木在容器、基质等方面成本投入高，培育周期长，需要持续多年投入，因此需要选择经济价值高、收益好的品种或当地市场稀缺的苗木品种进行培育，如沼生栎'太平洋光辉'、北美枫香'剪影'（图2-7、图2-8）。

（4）居民偏爱程度高。国人受传统文化的影响，不仅对苗木的外形上有所要求，更偏爱有特殊寓意的树种，如朴树、七叶树。或是通过修剪、扭枝、编织、嫁接等措施做出有新意、独特的造型，如造型油松、沙地柏嫁接至侧柏等（图2-9至图2-14）。

图2-7 沼生栎'太平洋光辉'

图2-8 北美枫香'剪影'

图2-9 油松

图2-10 红叶石楠

图2-11　茶花

图2-12　油橄榄

图2-13　紫叶李

图2-14　侧柏与铺地柏嫁接

图2-15 七叶树

图2-16 沼生栎'绿柱'

（5）缓苗期长、不易移栽成活或原冠移栽成活率低的树种。土球苗起苗时不可避免地丢失部分根系，影响苗木成活和生长，七叶树、栎类等树种移栽后容易死亡（图2-15、图2-16），采用容器苗可减少根系丢失，移栽效果较好。如果采用土球苗，除满足以上条件外，尽可能选取规格稍小、原生冠苗木。

在满足以上条件的基础上，根据调查的结果，总结出部分适合华北地区大规格容器培育的乔灌木树种，列出了树种特点，其中生长速度与苗木在苗圃的培育周期和资金投入周转密切相关；苗木出圃、运输至工程栽植时，需要成树高度和冠径，预留苗木生长空间，避免成树后树体与建筑物、周边树木等发生矛盾（表2-1）。

表2-1 华北地区常见大规格容器培育的树种

生长型	树种或品种	拉丁学名	树种特点
乔木	自由人槭'阿姆斯特朗'	*Acer × freemanii* 'Armstrong'	生长速度快，成树高度可达21m，冠径3～5m；树体圆柱形；初春开绿色偏红色花；秋季叶片黄色或橙色或红色
乔木	自由人槭'秋天的幻想'	*Acer × freemanii* 'Autumn Fantasy'	生长速度快，成树高度可达15m，冠径12m；树体卵圆形；初春开红色花；秋季叶片橙色或红色
乔木	金叶复叶槭	*Acer negundo* 'Aurea'	春季叶片金黄色
乔木	红花槭	*Acer rubrum*	生长速度快，成树高度可达25m，冠径10～15m；树体卵圆形；初春开红色花；秋季叶片红色、橘红色

（续）

生长型	树种或品种	拉丁学名	树种特点
乔木	糖槭'秋季嘉年华'	*Acer saccharum* 'Fall Fiesta'	生长速度快，成树高度可达23m，冠径9~13m；树体卵圆形；初春开黄色至绿色花；挂果持久；秋季叶片黄色或橙色
乔木	元宝枫	*Acer truncatum*	秋叶黄色或红色
乔木	元宝枫'丽红'	*Acer truncatum* 'Lihong'	秋叶红色
乔木	七叶树	*Aesculus chinensis*	生长速度中等偏慢，成树高度可达25m；掌状复叶，小叶5~7；初夏开白色花
乔木	流苏树	*Chionanthus retusus*	生长速度慢，成树高度可达20m；3~6月开白色花，4裂片狭长
乔木	栾树	*Koelreuteria paniculata*	生长速度中等，成树高度可达15m；树体圆球形；6~8月开淡黄色花；果期9~10月，黄褐色或橘红色；春季嫩叶多为红色，秋季叶片黄色
乔木	北美枫香'剪影'	*Liquidambar styraciflua* 'Slender Silhouette'	生长速度快，成树高度可达30m，冠径6m；树体圆柱形；春季中旬开绿色花；果实棕色；秋季叶片红色
乔木	杂交鹅掌楸	*Liriodendron chinense × tulipifera*	成树高度可达40m，花期5~6月，黄绿色花，叶鹅掌形，秋季叶片黄色
乔木	望春玉兰	*Magnolia biondii*	成树高度可达12m；3月开花，花被9片，外2片紫红色、中、内轮白色而基部紫红色，芳香
乔木	玉兰	*Magnolia denudada*	生长速度较慢，成树高度可达15m；树体卵形或近球形；3~4月开白色花，芳香
乔木	华山松	*Pinus armandii*	生长速度中等，成树高度可达35m，树体广圆锥形；花期4~5月；球果圆锥状长卵形；针叶质柔软；常绿
乔木	白皮松	*Pinus bungeana*	生长速度中等，成树高度可达30m；树体圆锥形、卵形或圆头形；常绿
乔木	油松	*Pinus tabuliformis*	生长速度中等，成树高度可达25m，树体塔形或广卵形；常绿。用于大规格容器苗培育时可做造型
乔木	豆梨'贵族'	*Pyrus calleryana* 'Aristocrat'	生长速度快，成树高度可达15m，冠径8m；树体圆锥形；初春开白色花；果实棕色；秋季叶片紫色、红色
乔木	豆梨'秋火焰'	*Pyrus calleryana* 'Autumn Blaze'	生长速度快，成树高度可达15m，冠径8m；树体圆锥形；初春开白色花；果实棕色；秋季叶片红色
乔木	豆梨'资本'	*Pyrus calleryana* 'Capital'	生长速度快，成树高度可达15m，冠径5m；树体圆柱形；初春开白色花；秋季叶片红色、橙色
乔木	豆梨'殿级堂'	*Pyrus calleryana* 'Chanticleer'	生长速度快，成树高度可达15m，冠径6m；树体卵圆形；初春开白色花；果实棕色；秋季叶片红色或紫色
乔木	豆梨'克利夫兰精选'	*Pyrus calleryana* 'Cleveland Select'	生长速度快，成树高度可达15m，冠径8m；树体卵圆形；初春开白色花；果实棕色；秋季叶片红色或紫色
乔木	豆梨'红塔'	*Pyrus calleryana* 'Redspire'	生长速度快，成树高度可达13m，冠径8m；树体卵圆形；初春开白色花；果实棕色；秋季叶片橙色
乔木	槲栎	*Quercus aliena*	成树高度可达30m；树体广卵形；叶片大且肥厚，叶片翠绿油亮
乔木	沼泽白橡木	*Quercus bicolor*	生长速度中等，成树高度可达24m，冠径10~15m；树体卵圆形；秋季叶片棕色或黄棕色

（续）

生长型	树种或品种	拉丁学名	树种特点
乔木	猩红栎	*Querus coccinea*	生长速度中等，成树高度可达35m，冠径10～15m；树体卵圆形；秋季叶片绯红色或棕色
乔木	槲树	*Quercus dentata*	生长速度中等，成树高度可达25m，树体卵圆形；秋季叶片红色、橘红色、黄色
乔木	蒙古栎	*Quercus mongolica*	生长速度中等偏慢，成树高度可达30m
乔木	沼生栎	*Quercus palustris*	生长速度快，成树高度可达25m，冠径10～15m；树体圆锥形；秋季叶片红色
乔木	沼生栎 '绿柱'	*Quercus palustris* 'Green Pillar'	生长速度中等，成树高度可达22m，冠径4～6m；树体圆柱形；秋季叶片红色
乔木	沼生栎 '太平洋光辉'	*Quercus palustris* 'Pacific Brilliance'	生长速度中等，成树高度可达22m，冠径8～14m；树体圆锥形；春季开黄色花；果实棕色；秋季叶片橙色或红色
乔木	北美红栎	*Quercus rubra*	生长速度中等，成树高度可达22m，冠径15～20m；树体圆形；秋季叶片红色或橙色
乔木	栓皮栎	*Quercus variabilis*	生长速度中等偏慢，成树高度可达30m，树体广卵形
乔木	北京花楸	*Sorbus discolor*	成树高度可达10m；5月开白色花；果实卵形，白色或黄色
乔木	美洲椴 '雷蒙德'	*Tilia americana* 'Redmond'	成树高度可达30m；冠径12m；树体圆锥形；晚春开黄色花；秋季叶片黄色
乔木	欧洲小叶椴 '柯林斯'	*Tilia cordata* 'Corinthian'	成树高度可达15m；冠径8m；树体圆锥形；初夏开黄色花；秋季叶片黄色
乔木	欧洲小叶椴 '格兰芬'	*Tilia cordata* 'Glenleven'	生长速度快，成树高度可达21m，冠径12～15m；树体圆锥形或卵圆形；初夏开黄色花；秋季叶片黄色
乔木	欧洲小叶椴 '绿顶'	*Tilia cordata* 'Greenspire'	生长速度中等，成树高度可达18m，冠径11～15m，树体圆锥形；初夏开黄色花；秋季叶片黄色
乔木	蒙椴 '嘉实黄金'	*Tilia x mongolica* 'Harvest Gold'	生长速度中等，成树高度可达18m，冠径10～15m；树体圆锥形；花黄色；秋季叶片黄色
乔木	光叶榉 '武藏野'	*Zelkova serrate* 'Musashino'	生长速度中等，成树高度可达30m，冠径5～10m；树体圆柱形；春季中旬开绿色花；秋季叶片橙色或黄色
灌木及小乔木	茶条槭 '火焰'	*Acer ginalla* 'Flame'	秋叶红色
灌木及小乔木	茶条槭	*Acer ginnala*	落叶小乔木，常成灌木状，高5～6m；5～6月开白色花；秋季叶片鲜红色
灌木及小乔木	鸡爪槭 '日本红枫'	*Acer palmatum* 'Atropurpureum'	秋叶鲜红色
灌木及小乔木	碧桃	*Amygdalus persica* var. *persical* f. *duplex*	成树高度3～8m，树冠宽广而平展；3～4月开淡红色重瓣花
灌木及小乔木	黑果腺肋花楸	*Aronia melanocarpa*	观赏期长
灌木及小乔木	松东锦鸡儿	*Caragana ussuriensis*	灌木高1～2m；5～6月开黄色蝶形花，后期变红色

（续）

生长型	树种或品种	拉丁学名	树种特点
灌木及小乔木	加拿大紫荆'金心'	*Cercis canadensis* 'Hearts of Gold'	生长速度中等，成树高度8m，冠径4~6m；树体圆形；5~6月开紫色花；果实棕色，挂果持久；秋季叶片黄色
灌木及小乔木	中国四照花'银河系'	*Cornus kousa* var.*chinensis* 'Milky way'	花白色，秋叶橙红色
灌木及小乔木	英国山楂'绯红色云'	*Crataegus laviegata* 'Crimson Cloud'	生长速度中等，成树高度5.5~8m，冠径6~8m；树体圆形；晚春开红色花；果实红色；秋季叶片黄色
灌木及小乔木	山楂'冬季王'	*Crataegus viridis* 'Winter King'	生长速度中等，成树高度6~8m，冠径6~8m；树体花瓶形；初春开白色花；果实红色，挂果持久；秋季叶片红色、橙色
灌木及小乔木	棣棠	*Karria japonica*	灌木高1~2m；4月下旬至5月底开金黄色花；果实黑褐色
灌木及小乔木	美国紫薇'动感'	*Lagerstroemia indica* 'Dynamite'	生长速度慢，成树高度6m，冠径5m；树体竖直向上；晚春开红色花；果实红色；秋季叶片红色、绿色
灌木及小乔木	二乔玉兰	*Magnolia × soulanggeana*	落叶小乔木，高6~10m；2~3月开花，内面白色，外面单子色，芳香
灌木及小乔木	北美海棠'亚当'	*Malus* 'Adams'	生长速度中等，成树高度8m，冠径6m；树体圆形；初春开粉色花；果实红色，挂果持久；秋季叶片红色、橙色
灌木及小乔木	北美海棠'印度魔术'	*Malus* 'Indian magic'	生长速度中等，成树高度4.5m，冠径5m；树体圆形；初春开粉色花；果实橙色，挂果持久；秋季叶片黄色
灌木及小乔木	西府海棠	*Malus × micromalus*	成树高度2.5~5m，树姿直立；4月开淡红色花；8~9月果实红色
灌木及小乔木	北美海棠'太平洋之火'	*Malus* 'Prairiefire'	生长速度中等，成树高度3~6m，冠径6m；树体圆形；初春开粉色花；果实红色，挂果持久；秋季叶片黄色、橙色
灌木及小乔木	北美海棠'缤纷'	*Malus* 'Profusion'	生长速度中等，成树高度3m，冠径6m；树体圆形；初春开粉色花；果实紫色，挂果持久；秋季叶片黄色
灌木及小乔木	北美海棠'红色巴比伦'	*Malus* 'Red baron'	生长速度中等，成树高度3~6m，冠径3m；树体圆柱形；初春开红色花；果实红色，挂果持久；秋季叶片橙色
灌木及小乔木	北美海棠'罗宾逊'	*Malus* 'Robinson'	生长速度中等，成树高度可达3m，冠径8m；树体圆形；初春开粉色花；果实红色，挂果持久；秋季叶片橙色
灌木及小乔木	北美海棠'皇家'	*Malus* 'Royalty'	生长速度中等，成树高度6~7m，冠径5m；树圆形；初春开粉色花；果实红色，挂果持久；秋季叶片橙色
灌木及小乔木	牡丹	*Paeonia suffruticosa*	落叶灌木高2m；花期4月下旬至5月，花单生枝顶，大型、单瓣或重瓣，花色丰富，有紫、深红、粉红、黄、白、豆绿等色
灌木及小乔木	紫叶风箱果	*Physocarpus opulifolius* 'Summer Wine'	叶片紫红色，花白色
灌木及小乔木	紫叶李'新港'	*Prunus cerasifera* 'Newport'	生长速度慢，成树高度可达5m，冠径4~6m；树体圆形、花瓶形；初春开粉色、白色花；果实紫色；秋季叶片紫色

（续）

生长型	树种或品种	拉丁学名	树种特点
灌木及小乔木	北美樱花'雪喷泉'	*Prunus × pendula* 'Snofozam'	生长速度慢，成树高度可达3m，冠径3m；树体垂枝；初春开白色花；果实红色、橙色；秋季叶片黄色、红色
灌木及小乔木	弗吉尼亚樱花'加拿大红'	*Prunus viginiana* 'Canada Red'	生长速度快，成树高度可达8m，冠径6m；树体卵圆形；春季开白色花；果实蓝色；秋季叶片红色
灌木及小乔木	杜梨	*Pyrus betulifolia*	生长速度慢，成树高度可达10m；4月下旬至5月上旬开白色花；果实褐色
灌木及小乔木	月季	*Rosa chinensis*	常绿或半常绿灌木，高1~2m；花期4月下旬至10月，花重瓣至半重瓣，红色、粉红色至白色；果实红色，卵球形或梨形
灌木及小乔木	黄刺玫	*Rosa xanthina*	丛生灌木高1~3m，4~6月开黄色花，重瓣或半重瓣；果实红褐色，近球形
灌木及小乔木	欧洲丁香'紫色丁香'	*Syringa vulgaris* 'Purple Lilac'	高达3~7m，4~5月开紫色或淡紫色花
灌木及小乔木	中华金叶榆	*Ulmus pumila* 'Jinye'	冠形饱满叶色金黄，枝条茂密
灌木及小乔木	锦带花	*Weigela florida*	灌木高1~3m；4~6月开紫红色或玫瑰红色花，花冠漏斗状钟形；生长迅速

复习思考题

1. 适合大规格容器苗培育的树种或品种为什么不同于小规格容器苗？

2. 大规格容器苗树种或品种选择的主要原则有哪些？请举例进行说明。

第❸章　单盆与双盆培育

[本章提要]

　　容器苗可直接放在地表培育，也可将容器苗再置于另一个容器放在地下进行培育，这是单盆与双盆系统定义的根本差别。本章分别介绍了单盆系统、双盆系统的组成要素，在阐明两种系统培育大规格容器苗优缺点的基础上，介绍了如何选择两个系统。

　　苗木在一定时期内生长在单一容器里，容器、基质、灌溉系统等要素组成的集合称为单盆系统。随苗木规格增大，需进行换盆移栽，所换盆可以为单盆，仍称之为单盆系统；也可换盆至由两个盆组成的盆-盆（Pot in Pot，PIP）系统中，双盆系统由指定的种植容器、固定容器、基质、灌溉滴管、排水系统、树干矫正杆等组成。

　　大规格容器苗起源（source of big-size container seedlings）按照上盆时苗木类型进行确定，大规格容器苗起源常见为裸根苗、土球苗、轻基质容器苗。

3.1　单盆系统

　　将苗木直接栽植在种植盆中（图3-1），用于移植培育容器苗的苗木为裸根苗（图3-2）、容器苗（图3-3）、土球苗（图3-4）等。根据种植盆材质不同分为控根容器、硬质塑料容器、

图3-1　单盆系统

图3-2　裸根苗移栽至容器苗

15

图3-3　容器苗移栽至容器苗

图3-4　土球苗移栽至容器苗

无纺布容器（美植袋）等类型。基质、灌溉系统等要素在后面章节中将进行详细阐述。

3.2　双盆系统

双盆系统也称盆-盆系统，是培育大规格容器苗的一种育苗方式，是将种有苗木的种植容器（socket pot）放置于土壤中埋置的固定容器（holder pot）中培育大规格容器苗的育苗方式。该系统降低了苗木重心，增强了苗木稳定性，防风能力因此得以提高；与单盆系统不同，该系统种植盆处于地下而非地面，根系发育环境较为稳定，冬季受冻害风险小。种植容器可

图3-5　种植容器为美植袋

图3-6 种植容器为硬质容器

选用美植袋（图3-5）、硬质塑料容器（图3-6）。固定容器为硬质塑料容器（图3-7）、中空壁聚乙烯容器（图3-8），前者最为多见；后者成本较高，使用周期长，一次性投入较大，容器内、外径分别可达150cm、160cm，用于培育胸径12cm及以上容器苗。种植容器与固定容器间需要保持中空以促进空气修根，不需填充基质，否则根系将会从种植容器中伸出长到两盆之间的基质，苗木出圃时将会伤根和根系丢失，种植容器为美植袋时问题更为突出。

双盆系统由种植容器、固定容器、基质、灌溉滴管、排水系统、树干矫正杆等组成，矫正杆为竹竿（图3-9）或铁圈和铁杆组成（图3-10）。在排水良好的苗圃可在种植穴先垫15～20cm碎石以便于排水，用水平尺找平后，再放置固定盆；为避免积水直接接触种植盆，固定盆上放置5～10cm厚陶粒或者木板（图3-11），然后将种植盆放置于固定盆内，内盆与外盆圆心重合，内盆高于外盆3～5cm（图3-6），平整场地使外盆高于地面10～20cm（图3-8），也能起到防止雨水进入的作用。

如果栽植规格较大的土球苗，土球重量导致苗木搬运和出圃困难，栽植苗木前需要在栽植盆外侧套铁丝框，便于起吊苗木。将铁丝框放置在栽植盆内侧时，铁丝框与根系间需放置毡布等隔离物，否则将会使苗木根系缠绕铁丝框，影响苗木发育和后续出圃。

双盆系统启动成本比常规单盆系统高很多，主要适用于冬季特别寒冷、普通防寒措施难以越冬的地区，夏季大风频发地区（双盆系统能够降低苗木重心）。

图3-7　固定盆为硬质塑料容器

图3-8　固定盆为中空壁聚乙烯容器

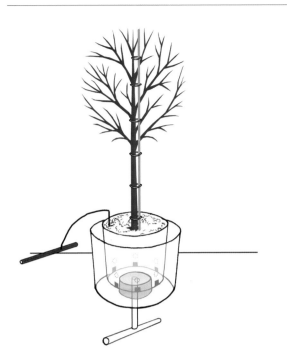

图3-9　盆-盆系统
（支撑杆为竹竿）

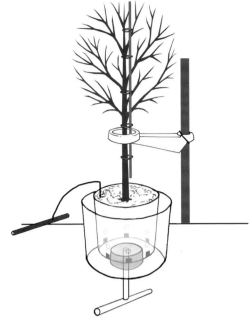

图3-10　盆-盆系统
（支撑杆为铁杆）

3-11　固定盆内放置防积水的木板

复习思考题

1. 什么是单盆系统？什么是双盆系统？

2. 单、双盆系统组成要素分别有哪些？

3. 双盆系统适宜在地下应用，而单盆系统却不能，为什么？

4. 单、双盆系统培育大规格容器苗的优缺点分别是什么？

5. 大规格容器苗起源的概念是什么？

第4章 育苗容器

[本章提要]

　　容器是容器苗培育不可或缺的生产要素之一。与小规格容器苗不同的是，大规格容器苗在室外培育，换盆周期长，所需容器除了具有容器苗培育所需的控根、护根等功能外，还需具有承重能力强、耐日晒雨淋风蚀能力强等特点。控根容器、无纺布容器等需要辅助铁丝框以提高其承载功能，为避免根系缠绕铁丝框，需要在铁丝框内侧铺设毡布等隔离层，这两种容器适用于地上单盆培育，或者用于双盆系统中的内盆（种植容器）；硬塑料容器用途更为广泛，可用作双盆系统中的外盆（固定盆）。本章还介绍了中空壁聚乙烯容器，该容器规格较为单一，直径较大，容器成本高，常用于双盆系统中的外盆。

4.1 容器种类

　　容器应该具有良好的透气透水性，主要是能够起到控根、护根的作用，使苗木的根系在容器内形成须根发达的完整根团。大规格容器苗由于体积大、质量重、根系总量多、育苗周期长，承重能力差、容易破损的纸质容器、塑料薄膜、营养钵等容器已不能满足大规格容器苗的需要。大规格容器苗培育需要尺寸大、质地紧密、移栽方便、使用周期长的容器。用于大规格苗木培育的容器主要包括控根容器、无纺布容器、硬塑料容器和中空壁聚乙烯容器等四种，可根据苗木的生长特性、苗木规格及培育成本来选择适合的容器种类。

4.1.1 控根容器

　　控根容器主要用聚乙烯材料制成，由底盘、侧壁和插杆三部分构成（图4-1），底盘可以防止根腐病和主根缠绕，侧壁凹凸相间，突起顶端有气孔，不仅能够达到空气断根的目的，还可促使苗木根系快速生长，根系总量增多，侧根发达，引导根系向下伸展，不窝根。由于控根容器的侧壁是由控根容器板拼接而成的，可不移动苗木直接拆卸和拼接，便于换盆和移栽，拆卸下来的控根容器板也可以重复拼接使用（图4-2）。土球苗移植培育大规格容器苗，控根容器使用最为常见。

20

图4-1　控根容器　　　　　　　　　　图4-2　控根容器板

　　大规格容器苗重量较大，尤其是由土球苗上盆形成的容器苗，需要吊车装卸苗木，控根容器可搭配铁丝框使用（图4-3），铁丝框起到承重、保持根团完整的作用。为了防止苗木根系缠绕铁框，需在铁丝框内侧铺设毛毡等隔离物；控根容器孔隙较大，缺少毡布防护基质浇水时则会导致基质从孔隙中流失，一个生长季则会引起容器基质大量被水冲走。为避免苗木根系穿过底盘继续向下生长，可在苗床铺地布以控制根系扎入土壤，也能同时起到土壤保墒、抑制杂草生长的作用（图4-4）。

图4-3　铁丝框+控根容器　　　　　　图4-4　铺设地布

4.1.2　无纺布容器（美植袋）

　　无纺布容器是由非纺织聚丙烯材料经过特殊加工制成的，材质柔软，可折叠运输（图4-5）。无纺布容器相对于塑料容器环保性强，使用年限长，价格较低。无纺布容器口径可达120cm，材料厚度可用单位面积的重量表示，厚度范围10g/m²~340g/m²，用户根据需求进行购买或订制。无纺布容器通气性强，控根效果好，不会造成盘根现象，易于移栽搬运，育苗成本低。作为大规格苗木的培育容器时，由于大规格苗木更大，土球更重，在起吊或吊车运输的过程中，可能会产生容器掉落或根团散开等问题。将无纺布容器与铁丝框搭配使用（图4-6），能够有效防止根团散开，便于起苗和运输（图4-7）。

　　无纺布容器与铁丝框搭配使用时，铁丝框在无纺布外围则影响美观，将铁丝框置于无纺布内部则会引起苗木根系缠绕，在铁丝框内侧铺设毡布作为隔离层防止根系与铁丝框直接接触（图4-8和图4-9）。因此无纺布容器系统是由隔离层、铁丝框、无纺布容器等组合搭配而成（图4-10）。

可组装型无纺布容器由底、无纺布片和插杆3个部件组成（图4-11），插杆拆卸方便，当苗木生长空间不足时，可增加无纺布片提高容器的体积，从而提高换盆效率。由于这种容器

图4-5　无纺布容器折叠存贮

图4-6　无纺布+铁丝框

图4-7　无纺布容器出圃与运输的状态

图4-8　装盆过程中毡布状态

图4-9　装盆后毡布状态

图4-10　无纺布容器+铁丝框+内胆

图4-11　可组装式无纺布容器

承重性能较小，也需配合铁丝框以便于起吊苗木。这种容器在生产中并不如上述"无纺布+铁丝框+隔离层"系统常见。

4.1.3　硬塑料容器

由塑料材料通过吹塑或注塑工艺加工而成单个上大下小的容器杯（图4-12），多成圆锥

图4-12 硬塑料容器

图4-13 双盆模式的外盆

图4-14 容器底部气孔

图4-15 苗木根系从气孔钻出

形，方便叠合。制作简单易规模化生产，成本相对低廉又可循环使用，相对于控根容器和无纺布容器来说更便于换盆和移动，不需要铁丝框、内胆等辅助材料。塑料容器规格类型较多，盆－盆系统的外盆常用硬塑料容器（图4-13）。

为解决侧壁光滑的塑料盆容器窝根难题，通常在容器侧壁设置垂直突起的棱线，引导根系向下生长。硬塑料材料本身不具透水透气性，常在容器的内部和底部进行开孔处理（图4-14）。有时苗木根系会通过容器下方的透气孔继续向下生长（图4-15），在苗床上铺地布并且及时换盆才能够有效防止根系扎入土壤。

4.1.4 中空壁聚乙烯容器

中空壁聚乙烯容器规格和重量均较大（图4-16），内径达150cm，外径160cm，高度100cm，可循环使用，寿命20年以上。这种容器一次性投入较大，常用于双盆系统的外盆，尤其用于培养胸径12cm以上规格的苗木。

图4-16 中空壁聚乙烯容器

4.2 容器规格

容器规格对于容器苗的生长至关重要。不同规格的容器通过影响根系结构、根系生长空间、生物量分配来调控苗木质量，容器规格见表4-1。

表4-1 常见容器及规格

容器类型	上口径（cm）	深度（cm）	备注
硬质塑料	27.5	25	3加仑①
硬质塑料	36.5	30	7加仑
硬质塑料	41	30	10加仑
硬质塑料	47	40	15加仑
硬质塑料	60	47	35加仑
美植袋	100	50	75加仑
美植袋	120	50	100加仑
控根容器		30～100	控根容器板依据深度选择

容器过小会使苗木从基质中可获取的水分养分变少，影响苗木的发育，容器过小还会增加苗木培育周期中换盆的次数，增加材料和劳动力的成本。然而，容器规格也不是越大越好，虽然随着容器规格的增大，苗木的生长量也会相应增大，但过大的容器会影响苗木根系的成团性。

---

① 1加仑（美）≈ 3.785L，下同。

容器规格要根据苗木的规格和树种特性进行选择。主根发达的深根性树种如栎类，适宜用较长的容器育苗以保证主根的正常延伸；侧根发达的树种如矮紫杉，在细长型容器中会生长不良；速生根树种的容器规格不宜过小，需要规格稍大的容器为根系预留出足够的生长空间，否则便要频繁地换盆，耗材耗力。

复习思考题

1. 大规格容器苗所需容器与小规格容器苗所需容器有何差别？
2. 双盆系统中的固定盆是什么容器？
3. 控根容器和无纺布容器为什么还需要铁丝框和毡布作为辅助系统？
4. 控根容器的优缺点是什么？

第5章　育苗基质

[本章提要]
_____

　　基质是容器苗生产要素之一，具有支撑树木、保持水分、固持养分、透气和缓冲等
作用。本章介绍了基质种类以及在颗粒大小、容重、透气性、持水能力、pH、阳离子
交换量等方面的差异，从基质理化性质和育苗成本两个方面论述了基质配置的原则和
方法；结合轻基质容器苗和土球苗容器化培育，阐释了两种苗木类型的育苗基质配比
方法。

5.1　基质种类

　　基质也称为介质，是容器苗生产要素之一。基质起到支撑树木、保持水分、固持养分、
透气和缓冲等作用。缓冲作用可以使树木具有稳定的生长环境，即当外来物质或树木根系
本身的新陈代谢过程中产生一些有害物质危害树木根系时，基质能够缓冲这些物质对树木的
影响。

　　可用作大规格容器苗基质的物质有很多，如泥炭、蛭石、珍珠岩、树皮、菌棒、椰糠、
土壤、沙子等。按照基质容重分，大于750kg/m³的基质称为重型基质，小于250kg/m³的称为
轻型基质，250~750kg/m³的称为中型基质。对应容器苗而言，轻基质（light media）指的是
容重小于250kg/m³的草炭、蛭石、珍珠岩等育苗基质，也可指采用草炭或杀菌消毒的腐熟园
林废弃物与蛭石、珍珠岩、树皮等材料以一定比例形成容重小于250kg/m³的混合轻基质。轻
基质容器苗（container seedling produced from light media）即为采用轻基质培育的容器苗。

　　按照组成可分为有机基质和无机基质，有机质如树皮、泥炭、谷壳等，无机基质如沙子、
蛭石、珍珠岩等。按照基质性质可分为惰性基质和活性基质，惰性基质指的是基质本身不提
供养分，如沙子、珍珠岩等；活性基质指的是基质本身能提供树木一定的营养物质，如泥炭、
蛭石等。按照基质使用时的组分分为单一基质和混合基质，生产中以混合基质为主。

　　泥炭、珍珠岩、蛭石是最为常用的轻型基质。泥炭、蛭石、珍珠岩的性质见表5–1。与
小规格容器苗相比，大规格容器苗更需要纤维长度较长的泥炭，更有利于促进根系的成
团性。

表5-1　常见轻基质组分理化性质

基质组分	干容重（kg/m³）	孔隙度（%）		pH	矿物营养	阳离子交换量	
		透气	持水			重量（mEq/100g）	体积（mEq/100m³）
水藓泥炭	96.1~128.2	25.4	58.8	3.5~4.0	最低	180.0	16.6
蛭石	64.1~120.2	27.5	53.0	6.0~7.6	K–Mg–Ca	82.0	11.4
珍珠岩	72.1~112.1	29.8	47.3	6.0~8.0	无	3.5	0.6

注：李国雷根据《Containers and Growing Media》改编。

　　还可以利用树皮、锯末、园林树木修剪的枝叶、生产蘑菇的废弃菌袋等制造有机物基质，能够替换一定泥炭，而且可以提高废弃物循环利用和缓解环境污染。腐熟有机废弃物是由昆虫、真菌、细菌参与分解的过程，废弃有机物适宜的长度及合理的碳氮比、具有良好透气性和湿润的分解环境对于加速分解速度以及获得良好的有机产物非常重要。如果树皮和园林树木修剪枝条过长，堆沤前需要利用带有封闭舱的机械（减少粉尘）粉碎成小颗粒以便于分解。如果有机废弃物由于含有较高的碳，可以添加25%~50%的叶片、杂草等含氮较高的废弃物以降低混合物碳氮比，也可喷施氮肥溶液，加速分解（图5-1）。分解过程中保持透气性和湿润

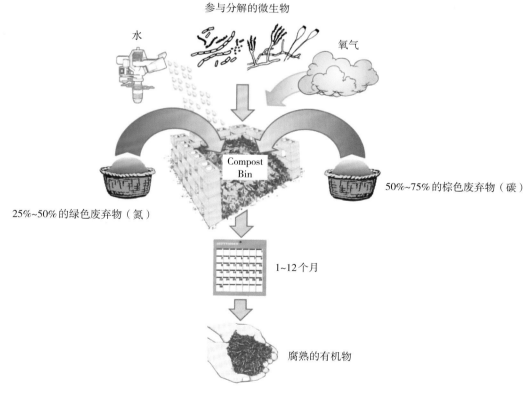

图5-1　有机物堆沤过程
注：李国雷根据《Nursery Manual for Native Plants》改编。

尤为重要，为避免扬尘可以在堆沤堆覆盖孔径较大的遮阳网，但不能覆盖不透气的塑料布，空气流通也是保证参与分解的真菌、细菌和昆虫等呼吸需求；分解过程中也可适当喷施水提高分解速度，有机物质湿度保持在50%~60%较为理想。堆沤的有机质颜色变为黑色时表明已经腐熟完毕，也可通过种子萌发试验进行验证。但替代型基质的原材料较难被集约化生产，适合于小范围使用，且基质使用前要进行杀菌消毒或调节处理，以免发生病虫害或微量元素超标等问题。

5.2　基质配置

优良的育苗基质往往不止使用一种成分，而是由泥炭、蛭石、珍珠岩、沙子、园土和有机堆肥中的一种或者几种按照一定比例混合而成（表5-2）。形成的基质颗粒大小、容重、透气性、持水能力、pH、阳离子交换量（CEC）等均需满足植物发育要求，既能够为苗木生长提供良好的土壤理化环境，也要考虑基质的综合成本。

表 5-2　添加组分基质对于育苗基质配比的影响

基质性质	基质组分				
	无机			有机	
	沙子	蛭石	珍珠岩	泥炭	锯末或树皮
微酸性 pH	不确定	无影响	无影响	促进	不确定
高阳离子交换量	降低	促进	降低	促进	促进
低肥力	促进	促进	促进	不确定	促进
高孔隙度利于透气与排水	促进	不确定	促进	不确定	不确定
低孔隙度不利于持水	降低	不确定	降低	促进	促进
无病虫害	不确定	促进	促进	不确定	不确定
容重	促进	降低	降低	降低	降低
材料来源便利性	促进	不确定	不确定	不确定	促进
节省成本	促进	不确定	不确定	不确定	促进
组分均一性	不确定	促进	促进	不确定	不确定
长时间贮存	促进	促进	促进	促进	不确定
体积变化	促进	促进	促进	不确定	不确定
利于混合	促进	促进	促进	不确定	不确定
利于根团形成	降低	促进	降低	促进	不确定

注：李国雷根据《Containers and Growing Media》改编。

裸根苗、轻基质容器苗培育大规格容器苗时，轻基质需要添加20%左右的沙子或园土，增加底部重量，减少被风吹倒风险；添加园土也可减少轻基质用量，降低育苗成本。由裸根苗、轻基质容器苗上盆形成的容器苗再次换盆时，也需使用混有沙子或园土的基质。土球苗本身质量较大，培育大规格容器苗时宜选用轻基质，不需要再添加沙子等增加重量。将草炭、蛭石等轻基质按照一定比例混合，用于土球苗的上盆、换盆，但要注意苗木的固定，以防土球与基质脱离（图5-2）。

图5-2　土球苗移栽至容器

基质配置时有机械作业和手工装填两种方式。机械装填具有速度快、效率高的特点（图5-3），手工混拌基质在我国较为普遍，减少了昂贵设备的一次性投入，但人工成本累计投入较大，并且基质混拌均匀性因人而异（图5-4）。基质装填前应洒水湿润，根据需要可均匀拌入释放周期为5～6个月的缓释肥，施用量为3～5kg/m³。

图5-3　基质搅拌器

图5-4　人工混拌基质

复习思考题

1. 基质的主要功能是什么？

2. 基质主要种类有哪些？从透气、持水、肥力等角度对比基质主要类型的差异。

3. 从容器苗逐级移栽培育大规格容器苗，为什么在轻基质中需要加入沙子？

4. 土球苗移栽至容器中培育大规格容器苗，为什么需要加入轻基质而非农田土或者沙子？

5. 树皮、锯末等堆沤有机物基质的关键技术是什么？

第❻章 育苗技术

[本章提要]

　　本章主要从场地设置、上盆、容器摆放、水养管理、杂草管理、主干矫正、修剪整形、风倒预防、日灼预防和冻害预防等方面介绍了大规格容器苗培育技术，是本教材最为核心的内容。介绍了裸根苗、土球苗和容器苗等上盆和换盆方法以及换盆判断标准，以示意流程图的形式展示了1年生裸根苗上盆至10年生大规格容器苗出圃的四个培育阶段与三次换盆过程，介绍了单盆系统容器半埋和全埋方式的季节局限性。从灌溉和排水两个方面介绍了水分管理措施，重点介绍了水质要求、滴灌和喷灌系统组成以及适用范围。养分管理主要包括肥料类型和选择以及施肥方法；从主干矫正开始时间、矫正材料种类和选择、绑杆方法等介绍主干矫正技术。介绍了树体结构、分枝类型、修剪和整形的基本原则，以示意流程图的形式展示了大规格容器苗整个培育阶段的提干和竞争枝修剪等技术。论述了风倒、日灼、冻害、病虫害防治的主要方法。

6.1 场地设置

　　容器苗与地栽苗的培育方式不同，容器苗管理更为集中，需要大量基础配套设施，培育容器苗的场地应该秉承标准化生产、规范化种植、专业化管理的宗旨。苗圃地要选择地势平坦（坡度小于5°），通风、光照、排水条件好的区域。由于冷空气易滞留在低注地带，应避免选择低注地，以免影响苗木的生长。不易选在易被水冲、沙埋的地段和风口处。

　　建设苗圃需进行生产区域、生产物质存储区、道路系统、灌溉和排水系统、办公区等功能区规划（图6-1）。道路区域不易过窄，主干道4.5~6m，便于大型运输车及吊装车通过作业。生产区域的长宽距离不宜过大，要方便吊装车辆、运送车辆及机械设备作业（图6-2），还要能够安装配置固定设施；生产区域开沟或者起垄，增加坡度，将积水从种植区域排出，然后再铺设地布（图6-3）。道路、建筑、仓库等一般占到苗圃面积的15%~20%。苗圃周边要有优质的水源，水质对于苗木的生长非常重要，优先选择地下水，其次是地表水。灌溉池可建在高地，能够降低泵水成本，可建集水池或小池塘收集径流，防止水流出苗圃，由于循环用水中的盐分和矿物含量随灌溉周期和自然降水发生变化，还需增设过滤器对循环水进行测试和过滤。

图6-1　大规格容器苗苗圃全貌

图6-2　苗圃机械

图6-3　育苗床与排水沟

6.2　上盆

上盆（potting）指的是将裸根苗、土球苗、小规格容器苗等苗木装入适宜规格的容器，是培育大规格容器苗的一种特定环节与技术。

6.2.1　上盆前的准备

裸根苗和落叶树种的土球苗上盆宜选择在春季苗木发芽前或者秋季苗木落叶后进行，常绿树种的土球苗可在休眠季或者雨季上盆、轻基质容器苗可在春、夏和秋季上盆。

上盆前，裸根苗需进行修根以去除劈裂根、枯死根，可减少盘根，促进新根发育。裸根苗上盆前的修剪见图6-4至图6-5。上盆前，小规格容器苗应去除容器。裸根苗和轻基质容器苗上盆可选择控根容器、美植袋和硬塑料容器。裸根苗上盆容器口径以大于修剪后的根幅10 ~ 20cm为宜，轻基质容器苗上盆容器口径较根团大20 ~ 30cm为宜。

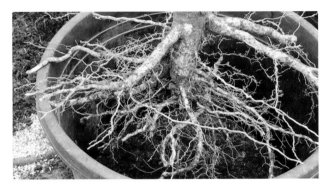

图6-4　裸根苗上盆前根系待修剪状态　　　　图6-5　裸根苗上盆前根系修剪效果

土球苗由于重量较大，宜采用吊装。吊装时应配备技术熟练的人员统一指挥，具有资质的操作人员应按安全规定作业，吊装过程中保证土球完整、不散坨（图6-6；视频6-1，视频6-2）。土球苗上盆多采用控根容器，这是因为换盆移植的土球苗规格往往较大，土球高度一般大于美植袋高度。控根容器板深度高于土球高度20cm以上，控根板围成的容器口径应大于土球直径30cm以上。吊入容器后，应拆除土球苗草绳等包装物，用平锹削去土球表层无根系的土壤（图6-7），增加所填充轻基质的比例，以减少容器苗重量，同时可促进根系发育。

移栽容器苗时，可适当切除外围基质中缠绕根系，以便促进根系生长，上盆后能够更好地扎入新基质中（图6-8）。容器苗移栽至35加仑的容器时，直接用铲刀去除外围过长或死亡的根系，保留根团应与容器边缘相距约2.5 ~ 5cm，可减少上盆后第一年发生盘根现象的几率。容器苗移栽至75加仑及更大容器时，容器苗由于规格较大，上（换）盆时，需采用机械设备起吊容器苗（图6-9），退除容器（图6-10），使用老虎钳剪掉铁丝框，去除毡布隔离物（图6-11），然后用斧头等工具沿根团从上至下砍3 ~ 5cm深沟，围绕根团均匀制出3 ~ 5条沟（图6-12），以消除表层盘根影响，移栽后促进新根发育。

视频6-1　秋季油松土球苗上盆　　视频6-2　秋季银杏土球苗上盆

图6-6　土球苗吊卸

图6-7　土球苗装盆前的修整　　　　图6-8　上35加仑盆前容器苗
　　　　　　　　　　　　　　　　　　　　　　根系状态

图6-9　起吊容器苗

图6-10　去除容器

图6-11　除去铁丝网

图6-12　人工修根

6.2.2　苗木栽植

基质选择需要考虑上盆的苗木类型，裸根苗、轻基质容器苗上盆所用草炭、蛭石等基质外，还应掺入一定体积的沙子或园土，以增加苗木抗风倒能力。土球苗上盆，由于土壤本身重量较大，填充基质应为草炭、蛭石等按照一定比例混合而成的轻基质。基质填装之前应充分混匀，混拌基质可用人力，最易用基质搅拌机，用工少且搅拌均匀。基质可提前拌施缓释肥，施用量为 $3 \sim 5kg/m^3$。

容器底部加入适量基质，然后将苗木栽正扶直，保证原基质的上表面与容器口持平以保持原栽植深度，不宜栽植过深或过浅，切勿将苗木种植太深，若是芽接苗木或平茬后苗木有侧弯现象，也不应通过深种来掩饰，种植过深是造成苗木生长缓慢、长势衰弱甚至植株死亡的主要原因。填充基质时应逐层压实，使其与苗木根系充分接触，边填基质边用木棒等捣实，确保根系周围无气孔，但又不宜太过紧实以防水分无法通过基质向下正常流动。裸根苗上盆过程见图6-13，土球苗上盆过程见图6-14，容器苗上盆过程见图6-15。裸根苗上盆过程与技术要领参考视频6-3；容器苗换盆过程与技术要领参考视频6-4、视频6-5、视频6-6。

图6-13　裸根苗移栽至容器的过程

图6-14　土球苗移栽至容器的过程

图6-15　容器苗移栽至容器的过程

视频6-3　裸根苗上盆　　视频6-4　容器苗换盆　　视频6-5　容器苗换盆　　视频6-6　容器苗换盆
（10加仑至15加仑）　（15加仑至35加仑）　（35加仑至75加仑）

　　栽植深度高于苗木原土痕1～2cm，确保充分灌溉后下沉的基质恰好盖住原土痕（图6-16）。同时确保充分灌溉后下沉的基质表面距离容器上沿3～5cm，为后续施肥和灌溉留出空间（图6-17）。苗木栽植后浇水前进行支撑，可单株或连片支撑，支撑高度应保持一致，树干支撑处应用软材料做垫层对树皮进行保护。

　　灌溉能起到保湿、滤去盐分、沉降基质的作用。水流需要缓慢，使容器内的基质自然沉降，基质与根系紧密结合。栽植后24h内应适量浇第一遍水；渗透后扶植树干、填土找平，3d内浇第二遍水。

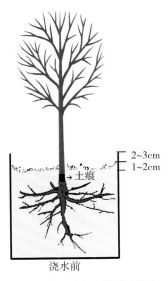

图6-16　移栽深度与根性的关系

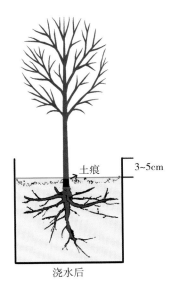

图6-17　充分灌溉后基质下沉与保留空间的关系

6.2.3　换盆

换盆是单盆系统一个常见又十分重要的环节。苗木在培育过程中，根系在基质中不断地生长，当根系填满整个容器时，就需要为苗木更换规格更大的容器，为苗木根系提供舒展的空间，满足苗木生长过程的必然条件。如果换盆不及时，苗木根系的生长空间不足、养分供给不够，会限制苗木的生长；如果换盆过于频繁，不利于苗木根系形成根团，降低苗木质量，且增加劳力等育苗成本。

生产中常用根系生长空间为依据，判断苗木是否需要换盆，最直接的方法就是从硬质塑料盆中将根系连同基质一起拔出，或者从控根容器或无纺布的侧面扒开容器露出根系，观察根系生长空间是否充足，当容器外围基质出现白色根系时或者根系长出容器底部时表示根系生长空间不足（图6-18至图6-19），此时需要换更大的容器。换盆的次数不仅取决于初始容器规格的大小，也与苗木的生长速度有关。通常情况下，裸根苗、小规格容器苗上盆至出圃需要经历2~4次的换盆，过多或过少的换盆都会对苗木生长产生影响，且不利于节约成本。

图6-18　基质外围长满根系

图6-19　根系伸出容器底部

小规格裸根苗换盆过程可参考图6-20，小规格容器苗上盆后，根据苗木规格换盆过程也可参考该图。土球苗重量大，难以操作，换盆次数不宜过多。

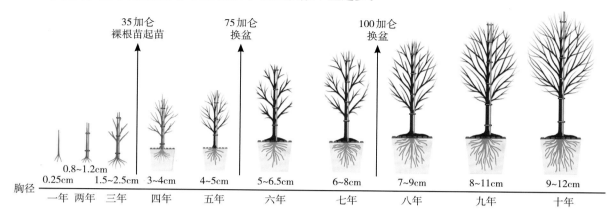

图6-20　从裸根苗培育大规格容器苗上盆与换盆过程

6.3　苗木摆放

　　容器苗摆放适用于单盆系统。容器的摆放直接关系到管理措施和销售活动的实施，需要结合生产区划按照生长型（乔木或灌木）、树种、苗龄或规格、容器类型等进行合理摆放（图6-21）。树种（品种）和规格相同的苗木，摆放时还需考虑苗木干型，如独干和丛生分开摆放（图6-22）。此外，苗木对水分需求、降温和保温、病虫害防治、修剪等要求也是容器摆放需要考虑的因素。合理摆放容器，不仅有利于生产作业，还能够展示苗木宏大的场景，带来视觉上的享受与震撼。

　　苗木间距取决于苗木以及规格树种（品种）冠型、生长速度等特性，需为树冠生长留出足够的空间，容器摆放不易过疏，以免浪费土地降低产苗率。相对于小规格苗或慢生树种的移动和换盆，大规格容器苗由于移动困难，需预留充分的生长空间。

　　单盆系统容器苗的摆放方式主要有地上、半埋和全埋3种。

　　（1）地上摆放方式是将容器苗直接摆放在地上（图6-23），配合地面铺设地布和陶砾等措施，能够有效控制根系向下伸展，且便于移动和管理。生产中的大规格容器苗普遍采用地上的摆放方式（视频6-7）。在苗床上铺一层园艺地布，可控制杂草节省除草费用、减少蒸发保持土壤湿润、阻止根系从容器扎入土壤。也可在地面上铺设5~10cm的陶砾或碎石，成本较高些。重黏土或者排水性差的土地，需要开沟或起垄，便于积水从生产区域及时排走而不发生涝害。

　　（2）半埋是将容器的下半部分埋入地下（图6-24），能够对苗木起到一定的固定作用，对容器的下半部分能够起到保温、保水、防风的效果。但埋入地下容易导致根系扎入土壤。

　　（3）全埋是将苗木的容器部分完全埋入地下（图6-25），容器内基质表面与地面高度持平。全埋的方式能够增强苗木抵御外界的缓冲作用，减少苗木的管理强度，但此方法只能用于苗木休眠期，春季将容器全埋会导致苗木在生长季末根系穿过容器扎进土壤里，横向可达1.2m，主要分布在容器中下层，苗木出圃时将丢失这些根系，失去了容器育苗的初衷（图6-26）。

图6-21 按照树种和规格摆放容器苗（一）

图6-21　按照树种和规格摆放容器苗（二）

图6-22　按照干型摆放元宝枫容器苗

图6-23　容器摆放在地布上

视频6-7　容器苗摆放与间距调整

图6-24 容器半埋于地下

图6-25 容器全埋于地下

图6-26 生长季末容器苗根系扎入土壤

6.4 水分管理

6.4.1 灌溉

合理的灌溉对容器苗的生长是极为重要的。灌溉前首先要进行水质的选择，确定水质适用于灌溉（表6-1）。选择水源时，优先选择地下水，其次是地表水，若水质不适用，需通过专业化学或物理手段来改善水质，已有专业公司从事这一业务。在生产的过程中也要不定期对水质进行监测。

表 6-1　苗圃灌溉水的质量要求

指标	最佳	允许	不可接受
pH	5.5~6.5		
盐度（μS/cm）	0~500	500~1500	>1500
Na（mg/L）			> 50
Cl（mg/L）			> 70
B（mg/L）			> 0.75

大规格容器苗的用水量一般偏大，所以控制好灌溉量也是大规格容器苗培育的关键，灌溉量和灌溉次数与苗木需要、季节变化、基质水分散失率、天气状况等密切相关。小规格容器苗的灌溉量一般是根据灌溉系数确定的，而大规格容器苗由于实际操作等问题，一般依据经验，视基质状态和苗木生长状态来判断苗木的需水情况。采用张力计，根据基质的水势数量化灌溉大规格容器苗是今后研究的重点之一。容器苗灌溉一定要浇透，保证水分能够到达容器底部。灌溉过多时，不仅会浪费水源，还会在表层基质产生苔藓，由于苔藓会减缓灌溉水的下渗，基质缺少水分进而引起苗木质量下降，同时会影响土壤的透气性，抑制根系的呼吸，导致苗木发生病害或烂根死亡。

灌溉系统包括水源（图6-27）、净化设施（图6-28）、水泵、输水管道及灌溉末端（图6-29）5个部分，灌溉末端由滴管、滴头、喷头等组成。大规格容器苗的灌溉方式主要有滴灌（图6-30）和喷灌两种方式（图6-31）。喷灌系统可降低大气温度和增加空气湿度，常用于高温的夏季以及需要特殊保护树种（品种）容器苗的培育；灌木、株高较低的苗木以及夏季苗木防日灼也可采用喷灌系统。大规格容器苗培育滴灌系统应用较多。滴灌属于微量灌溉技术，可采用滴灌PE管加装滴头的模式，在苗床两边埋水管，与滴灌管相连，每株苗木要安插2~4个滴头，位置分布合理，保证每次浇水基质充分吸水，使水分能够到达容器底部。采用滴灌技术，水分通过滴头缓慢均匀地渗入基质，是非常有效的节水灌溉方式，效率高，能够保持基质结构，提高水分利用率。宜在早、晚进行，不应在中午高温时进行。夏季灌溉，宜16:00点后进行。

图6-27　灌溉水源

图6-28　净化设施

图6-29　输水管道及灌溉末端

图6-30　滴灌

图6-31　喷灌

6.4.2　排水

排水技术对苗木培育十分重要，可以采用明沟排水、暗沟排水或利用地表径流的方式将积水排出。排水沟一定需要排水通畅，否则引起积水（图6-32），影响苗木根系呼吸，进而影响苗木的生长发育。

图6-32　排水沟整修不合理引起积水

6.5　养分管理

6.5.1　肥料类型

肥料主要有水溶性肥料（速效性肥料）、控释性（缓释肥）肥料和生物有机肥三种。尽管含有钙、镁、硫等大量元素以及铁、锌等微量元素，肥料常用XX-YY-ZZ三个数字进行标示，分别代表N-P-K的比例，即氮、五氧化二磷（P_2O_5）、氧化钾（K_2O）的比例。例如，20-20-20肥料，表示该肥料中氮（N）、磷（P_2O_5）、钾（K_2O）含量分别为20%、20%和20%。

（1）控释性肥料。控释肥的特点是一次性施用肥料后，能够缓慢释放养分供给植物发育，用于包裹肥料的树脂材料及其加工工艺致使其价格稍高，但一次施入而节省劳力方面突出。控释肥包括养分含量（15-9-11、15-9-12、15-18-11、16-9-12等）、养分释放时间（3~4个月、5~6个月、8~9个月、12~14个月、16~18个月）、养分释放模式（标准型和后期发力型）等要素，培育苗木选择合适控释肥需要充分考虑上述三个要素。

（2）水溶性肥料。水溶肥是以大量的水溶性元素为主的肥料，为速效肥料，具有水肥同施、分布均匀、见效快、易吻合苗木生长节律等优点。

（3）生物有机肥。指的是利用植物秸秆、畜禽粪便及其他有机物，加入微生物分解发酵而成。生物有机肥的原料来源广泛、成本低，且绿色环保，还能有效调节基质的肥力和疏松度等物理性状。

6.5.2 肥料选择

肥料类型选择是施肥技术首先考虑的因素，在此基础上再考虑施肥量和施肥方法，这也是生产和科学研究中常忽视之处。肥料选择需充分考虑元素含量、元素比例、特定元素形态以及苗木生长阶段。对于植物发育阶段，在苗木速生期选择高氮、中磷和中钾配比的肥料，硬化期选择低氮、低磷和高钾的肥料（表6-2）。例如，Peter@ Professional生产的20-20-20水溶性肥料为通用型肥料；30-10-10为高氮、中磷和中钾型肥料，适用于快速生长期使用；15-10-30为高钾型肥料，适用于木质化期使用；10-30-20为高磷型肥料，能促进苗木开花结实。

表6-2 苗木发育阶段与肥料类型选择及施氮量的关系

发育阶段	氮施入	比例		
		氮	磷	钾
速生期	高强度	高	中	中
木质化期	1/4强度	低	低	高

注：高强度可以用100mg/L浓度的氮溶液。

苗木组织对氮形态的选择利用。硝态氮有利于根系发育，铵态氮则有利于地上部分发育（图6-33），氮组成包括硝态氮、铵态氮甚至尿素。例如，释放周期为5~6个月、15-9-12的标准型奥绿控释肥，氮含量为15%，其中硝态氮含量为6.6%、铵态氮含量为8.4%。Peter@ Professional生产的20-20-20水溶性肥料，氮含量为20%，铵态氮、硝态氮和尿素含量分别为4.8%、5.4%和9.8%；Peter@ Professional生产的20-10-20水溶性肥料，氮含量也为20%，铵态氮、硝态氮含量分别为8%和12%。

控释肥的选择还需考虑养分释放时间和养分释放模式等因素。包膜材料以及厚度、育苗场所温湿度是决定控释肥释放养分速度的关键因素。养分释放时间常见的有3~4个月、5~6个月、8~9个月、12~16个月、16~18个月等。肥料释放模式是选择控释肥所考虑的又一因素，

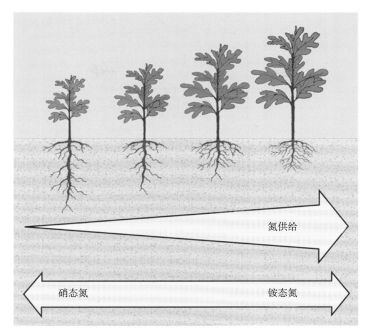

图6-33 氮供给与氮形态对苗木发育的影响
注：李国雷根据《Nursery Manual for Native Plants》改编。

标准型控释肥是在有效期内养分随时间均匀释放；低启动型则在开始阶段释放较低，一段时间后释放速度提高；前保护型为开始阶段基本不释放养分，在后期进行集中释放，适合用于秋冬季施肥。

6.5.3　施肥方法

容器苗适合采用控释肥或水溶肥相结合的方式施肥。在春季根据苗木特性和基质肥力使用控释肥（如奥绿肥、哈里斯、好康多等），在苗木生长高峰期追加喷施水溶性复合肥（如花多多）。

控释肥的施肥方式也分为拌施和表施两种。拌施是将控释肥均匀混合在基质中，一般在苗木移栽或换盆时使用，作为底肥促进苗木的生长。表施是将控释肥均匀撒在基质表面，再添加一层基质覆盖于肥料之上，适合施肥或追肥时使用。控释肥的施肥量要根据苗木生长需要和基质体积来确定，推荐施肥量为 $3 \sim 5 kg/m^3$。

除了在春季使用控释肥之外，在苗木速生期，可施用一定浓度的水溶性复合肥料进行喷施追肥。由于可以与水同时施用，一般采用滴灌施肥或叶面喷施两种方式。

6.5.4　监测

容器苗基质自身养分含有量较少，对外部施肥的依赖性高。过量的施用对基质微环境造成一定的破坏，若肥料没有被苗木充分吸收，还会随着水分转移导致水体的富营养化，造成环境污染。因此监测施肥效果十分必要。

小规格容器苗可采用生物量、苗木养分含量等指标确定最佳施肥量，大规格容器苗由于规格较大且苗木本身价格较高，采用破坏取样的方法难以操作或不现实，可以通过对苗木形态、叶色或叶片养分含量来进行判断，由于目前我国大规格容器苗的培育还处于起步阶段，大规格容器苗施肥效果评价尚有待加强，这也是大规格容器育苗发展过程中迫切需要解决的问题。

目前，生产上通过不定期监测基质EC值进行养分管理。对EC值的检测方法一般分为两种，一是在容器下放置一个不反应的盆，容器上方倾倒足量的蒸馏水，直至盆中留够50mL滤出液，检测灌溉滤出液中的盐度是否在2.6～4.6mS/cm之间；二是对基质进行直接检测，或者将基质取出与2倍水混合60min后，取上清液检测EC值是否在0.75～1.25mS/cm之间。EC值过小不利于苗木的生长，但EC值过大会损伤苗木根系，需要用水浇灌以滤去基质中的可溶性盐，通过延长灌溉，除去过多肥料盐，然后等1h左右，再次灌溉，冲走过多养分。

6.6 杂草管理

采用人工拔草、除草剂除草和机械除草相结合的方式进行。1年生苗由于对除草剂敏感，且根系尚未发育完全，枝条低矮，根据株行距情况，采取人工除草。在法律和环境许可范围内，方可采用化学除草剂除草。多年生苗木常采用除草剂控制杂草，根据杂草、天气、苗木郁闭度等情况，每年喷施2～3次除草剂，苗圃常用除草剂见表6-3。机械除草（修剪割草）适用于容器间较大的区域，修剪割草后能形成草带，视觉效果较好（视频6-8）。

表6-3　苗圃常用除草剂（摘自北京市地方标准DB11/T 476）

名称	性状	适用范围	使用方法	备注
果尔	触杀型，广谱	道路	喷雾	乙氧氟草醚
盖草能	内吸，传导	禾本科杂草有效	茎叶处理	吡氟乙草灵
草枯醚	灭生性，触杀型	针叶树、杨、柳插条	播后苗前土壤处理	
阿特拉津	选择性，内吸型	道路、休闲地	茎叶处理	
五氯酚钠	灭生性，触杀型	杨、柳插条、道路、休闲地	播后苗前茎叶处理 杂草萌发期茎叶处理	
除草剂一号	灭生性，内吸型	道路、休闲地	春茎叶处理	
敌稗	选择性，触杀型	道路、休闲地	春、夏茎叶处理	
氟乐灵	选择性，内吸型	杨、柳插条	扦插前土壤处理	

视频6-8　机械除草

6.7　主干矫正

在苗木生长的第二、第三个生长季对苗木进行支撑和绑缚，可提高主干的通直度和促进主枝生长。常见支撑材料为竹竿、钢条和玻璃纤维棒，其中竹竿最为经济，竹竿挺直且质量小，耐风吹雨淋，能够使用4～6年。可从苗木下部选用较长的竹竿进行绑缚（图6-34），竹竿插入基质30～40cm，借助钢钎打孔便于竹竿插入基质（图6-35）。中央引领枝被风吹断或者出现顶梢枯死时，需重新选中央引领枝；假二叉分枝树种，如丁香、梓树、泡桐，枝具对生芽，顶芽自枯或分化为花芽，由其下对生芽同时萌枝生长所代替，形成叉状侧枝，也需重点培养中央引领枝。若树木较高，竹竿从下部绑缚达不到时，可选用较短的竹竿从苗木顶梢进行绑缚，将侧枝扶为中央引领枝（图6-36）。当苗木较高时，可以将容器苗放倒至地面，然后进行绑缚竹竿（图6-37）。采用绑缚带每隔10～20cm绑缚一次，缠绕2～3圈，可在主干弯

图6-34　绑竹竿

图6-35　钢钎打孔

图6-36　从苗木顶梢绑缚竹竿

图6-37 容器苗放倒绑缚

图6-38 绑缚带缠绕方法

处加强绑缚（图6-38）。绑缚带打结扣位于竹竿一侧，以免苗木生长过快松绑不及时而产生绑缚带损伤树皮，影响苗木质量（视频6-9）。

6.8 修剪整形

视频6-9 绑杆矫干

6.8.1 树体结构

树体结构如图6-39所示，由主干、中心干、中央领导枝、中央领导枝枝头形成纵向骨架，主枝由下至上错落分布、间距合理、渐进式缩小，侧枝交错有致，由主干向外渐次缩小延伸。这样的树体结构可以通过枝叶的振荡和树干的摇摆很好地缓冲风力。

分枝类型常分为直立生长、攀援生长和匍匐生长等，其中直立生长又可划分为紧抱型（图6-40）、开张型（图6-41）、下垂型（如垂柳）和龙游型（图6-42）等。

分枝方式可以分为总状分枝、合轴分枝和假二叉分枝。总状分枝（单轴分枝）树种的枝顶芽具有生长优势，能形成通直的主干或主枝，同时依次发生侧枝、次级侧枝（图6-43和图6-44），如银杏、水杉、云杉、雪松、杨、松柏类等。合轴分枝树种的枝顶芽经过一段时间生长以后，先端分化花芽或

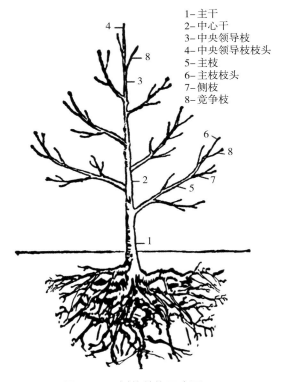

1-主干
2-中心干
3-中央领导枝
4-中央领导枝枝头
5-主枝
6-主枝枝头
7-侧枝
8-竞争枝

图6-39 树体结构示意图

自枯，由邻近的侧芽代替延长生长；以后又按照上述方式分枝生长，这样就形成了曲折的主

图6-40 沼生栎'绿柱'（紧抱型）

图6-41 沼生栎（开张型）

图6-42　龙爪槐（龙游型）

图6-43　水杉（总状分枝）

图6-44　银杏（总状分枝）

图6-45　重瓣榆叶梅（合轴分枝）

图6-46　榆树（合轴分枝）

图6-47　梓树（假二叉分枝）

轴（图6-45和图6-46），如成年的榆、柳、梨、碧桃、榆叶梅等，假二叉分枝树种的枝具对生芽，顶芽自枯或分化为花芽，由其下对生芽同时萌枝生长所代替，形成叉状侧枝，以后继续如此（图6-47）。其外形上似二叉分枝，其实是合轴分枝的另一种形式，如丁香、梓树、泡桐等。

6.8.2　修剪和整形的原则

修剪（pruning）是指对植物的某些器官，如茎、枝、叶、花、果等组织部分剪截或者剪除的措施。整形（forming）是指对植物施行一定的修剪措施而形成某种树体结构。

（1）园林绿化对树木的要求

行道树对枝下高有一定要求，便于行人和车辆通行，因此培育行道树苗木过程中需要经常提干；而孤植树对枝下高要求则相对不严格，培育苗木对提干高度的要求则因树种而异。

（2）树种的生长发育特性

顶端优势强的树种，能够完全或部分抑制竞争枝的发育，能形成明显的主干与主枝的从属关系（图6-48至图6-51），对这些树种需采用保留中央引领枝干的修剪方式，例如，水杉、圆柏、银杏等裸子植物以及杂交马褂木、栎属等被子植物。顶端优势不太强，但发枝力很强、易形成丛状树冠的，可修剪成圆球形、半球形等形状（图6-52至图6-54），如元宝枫、碧桃、榆叶梅等。具有一定顶端优势的树种，若培育成主干通直的小乔木，可借助绑缚竹竿培养引领枝、短截或截除竞争枝的方法，如元宝枫、栾树、流苏树、小叶朴、豆梨等。

树木萌芽发枝能力和愈伤能力与耐修剪能力也有关系。柳树、大叶黄杨、白蜡、圆柏，悬铃木属、杨属、椴树属树种等具有很强的萌芽发枝能力，可进行多次修剪造型（图6-55和图6-56）；银杏、玉兰以及栎属、花楸属、七叶树属树种等萌芽能力弱或愈伤差，则应减少修剪次数或强度。

图6-48　银杏（中央引领枝）

图6-49　圆柏（中央引领枝）

图6-50 杂交马褂木（中央引领枝）

图6-51 栓皮栎（中央引领枝）

图6-52 元宝枫修剪成半球形

图6-53　碧桃修剪成扇形

图6-54　红叶石楠修剪成半球形

图6-55　雀舌黄杨修剪　　　　　　　　　　　图6-56　大叶黄杨修剪

（3）树木年龄和枝条粗度

如果对大规格苗木进行截干，将会严重破坏树体结构（图6-57），萌生枝形成的新树冠是非常脆弱的，树枝和树干结合部牢固程度远低于自然生长的枝条和树干的结合牢固度，一旦遇到大风、大雨或是大雪极易从结合部折断，带来人和物的伤害风险；而且，截干形成的创伤面较大，树体难以愈合，将会随着雨水侵蚀和病菌侵入而腐烂（图6-58和图6-59），严重影响树体健康，也会对人和物带来安全风险。

枝条修剪需要尽早进行。如果枝条较粗时才修剪，即使伤口愈合性能较好的树种历经多年也难以完全愈合，如国槐（图6-60）；或者伤口即使能够愈合，也影响美观，如法桐（图6-61）。如果技术不当，留茬过长或者剪口部位不准确，剪口难以愈合（图6-62），需要在枝领处下剪（图6-63）。

分枝角度过小，枝间由于加粗生长而相互挤压（图6-64），没有足够的空间发育新组织，而且已死亡的组织残留于两枝之间，降低了承压力，容易受大风、雪压、冰挂等影响而发生劈裂。因此，在修剪时，应剪除分枝角度过小的枝条，而留分枝角度大的枝条。

图6-57　国槐截干培育破坏树体结构

图6-58　大规格银杏苗截干引起的截面腐烂

图6-59　大规格元宝枫苗截干引起的截面干裂状况

图6-60　国槐修枝后多年的愈合情况

图6-61　法桐修枝后多年的愈合情况

图6-62　国槐修枝过晚和留茬过长造成剪口难以愈合

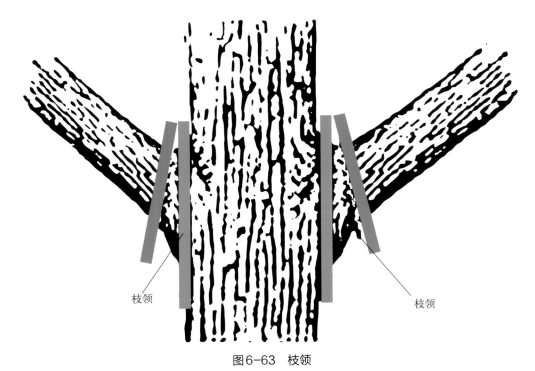

枝领　　　　　　　　　　　　　　　　枝领

图6-63　枝领

图6-64　分枝角度过小造成的不良现象

（4）修剪强度

容器苗培育在苗圃中进行，修剪操作相对方便，强度不需太大，特别对于栎属、花楸属等慢速或间速生长树种。

6.8.3　容器苗修剪技术

针叶树种修剪损伤枝、病虫枝、折断枝、枯损枝、过密枝，常见针叶树种分支点高度满足DB11/T 211《园林绿化用植物材料 木本苗》的要求。

主干明显的阔叶树种的修剪有两个重点，第一是对中央引领枝产生干扰竞争枝的及时去除，结合绑杆（特别是假二叉分枝树种）培育中央引领枝；第二是对提干高度的控制（视频6-10）。苗木在第一年培育时，尚未发育侧枝，也称为"鞭苗"，不需要修剪。若培育品种苗，可在第二年夏季进行芽接，然后进行绑杆，培养芽接苗的中央引领枝。第三年春季，在接口上方1~2cm处剪掉砧木，抹去砧木上的不定芽，及时解除绑扎物；提干至0.5m（即将主干0.5m以下枝条全部剪除），结合绑杆继续培养中央引领枝，剪除干扰中央引领枝发育的竞争枝；冬季提干至0.5m，剪除老弱枝、过密枝、病枯枝、交叉枝、垂直枝（图6-65）。第四年上盆至35加仑盆，绑杆培养中央引领枝，继续剪除干扰中央引领枝发育的竞争枝，冬季提干至1.5~1.8m，已经形成二级侧枝，继续剪除老弱枝、过密枝、病枯枝、交叉枝、垂直枝。第

视频 6-10　提干修剪

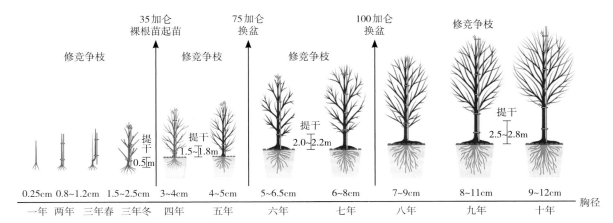

图 6-65　修剪示意图

五年，结合绑杆继续培养中央引领枝，继续剪除干扰中央引领枝发育的竞争枝，继续剪除老弱枝、过密枝、病枯枝、交叉枝、垂直枝。第六年需要换盆至 75 加仑盆，中央引领枝培养同上。第七年冬季提干至 2.0～2.2m。第八年换盆至 100 加仑盆，继续培养中央引领枝。第九年或者第十年冬季根据需要提干至 2.5～2.8m。

6.9　倒伏预防

大规格容器苗由于摆放在地面上，很容易被风吹倒或挪动，风力过强时甚至会使苗木根系与基质脱离，由此影响苗木的生长甚至引起植株死亡，因而做好苗木的防风固定工作十分重要。防风措施主要有以下七种。

（1）地面支杆固定。用三根竹竿或者木棒呈三角形支撑树干，支点处捆绑在一起，可避免苗木枝干由于风力而折断（图 6-66）。

（2）三角木框固定。适用于灌木或者高度较小的乔木，难以用支杆进行固定，可在树干周围的地面定三根短木桩，然后用木条树干固定，并用无纺布或者毡布包裹主干，防止风摇树干时支架碰伤树干（图 6-67）。

（3）钢钩固定。用"J"形钢钩将容器直接钩住，钉在地上（图 6-68）；或用竹竿先将各容器连接，然后将钢钩固定在竹竿和地面（图 6-69）。"J"形铁钩分为光滑型和螺纹型，光滑型铁钩可用于固定较小规格的容器苗。

图6-66　地面支杆固定

图6-67　三角木桩固定（半埋入地下、排水沟等培育方式欠妥）

图6-68　钢钩固定　　　　　　　　　　　　　图6-69　钢钩和竹竿固定

（4）钢丝牵拉固定。若遇强风天气，用钢丝将树干和容器牵拉绑定后，放倒横躺在地面上，只要苗木根系不与基质剥离便可防止苗木拔干。注意绳索与苗木接触的部位要对苗木进行防护，以免损伤（图6-70；视频6-11）。

（5）利用木杆将容器苗树干"井"字形固定（图6-71）。

（6）在基质中加入沙子。大规格容器苗的基质中可放入20%比例的沙子或园土增加重量，防止被大风吹倒，也能降低育苗成本。

视频6-11
钢丝牵拉固定

图6-70　钢丝牵拉固定

图6-71 树干固定

（7）双盆系统。见第3章和第4章，尤其是培育胸径12cm及以上容器苗，苗木冠幅较大，双盆系统降低了苗木重心，因此预防苗木倒伏更有优势。

6.10 日灼预防

易受灼伤危害的树种，轻则叶片部分焦枯，重则使树皮晒裂，降低苗木质量，影响苗木的价值，在炎热的中午可喷水降低空气温度，增加空气湿度。可在西侧和南侧架遮阳网，或用涂抹白色的涂白剂，或者采用毛毡、麻绳将南边或西边最外侧3~4排苗木树干包住。

6.11 冻害预防

在北方地区，容器苗比土球苗更容易受到冬季低温危害。为了保证容器苗安全越冬，要浇好越冬水，来年春天再浇解冻水。除浇好越冬水之外，可根据树种特性、容器和苗木规格等选择适宜经济的越冬方法。对于苗木规格较大（75加仑及以上体积的盆）、抗寒性较强的树种，在容器外围包裹毛毡保温和塑料膜即可越冬（图6-72）。对于苗木规格较小或者抗寒性较差的树种，还需采用聚集（图6-73）、容器四周培土（图6-74）、覆盖塑料膜（图6-75）等措施，也可采用包裹塑料布和埋土相结合的方法（图6-76）。从成本以及操作便捷的角度来看，冬季在容器苗四周培土保温的方法可以广泛使用，但要注意在天气变暖生长季到来之前将土移走，否则生长季苗木的根系会扎进土壤中，起苗时会因此而丢失根系。此方法只适用于休眠期。

图6-72 利用毡布和塑料布包裹容器冬季防寒

图6-73 聚集越冬防寒

图6-74 培土越冬防寒

图6-75 覆盖塑料膜越冬防寒

图6-76 塑料布包裹和埋土越冬防寒

6.12 病虫害防治

优化培育措施，提高苗木质量进而增加对病虫害的抵抗力，是病虫害防治的根本。应遵循"预防为主，科学防控，依法治理，促进健康"的原则，做到安全、经济、及时、有效防治。病虫害的防治要做到早预防早治疗。预防措施包括基质消毒、保证苗圃卫生、保持通风和光照等。应以物理机械、生物防治等方法为主，注意苗圃卫生，保持通风和光照，及时剪除病虫枝叶，清除落叶、杂草，减少侵染来源。在病虫害发生量大、危害程度较高时，可采取化学防治方法，在预测预报及把握有害生物发生规律、防治指标的基础上合理喷施农药（图6-77）。可选择低毒、无残留、无公害的农药稀释后喷施，喷药时应选择晴天无风或微风的天气，避开高温、雨天和上下班时段进行。

图6-77 机械喷施农药

在培育大规格苗木时，有些树种或品种如海棠、杜梨等已进入开花结实年龄，如果无节制随意喷施农药将会毒害取食的鸟类，降低天敌种类和数量，从长期效果来看可能会加重虫害。常见病虫害防治方法见表6-4。冬季苗木聚集防冻前，喷施氢氧化铜、矿物油等休眠药剂可预防真菌或细菌病害，防止害虫虫卵孵化。

表6-4　苗木常见病虫害防治方法

药剂种类	药剂名称	防治对象	药物性质	施用倍数
杀菌剂	硫酸链霉素（细菌B、真菌F）	软腐病	可溶性粉剂	1000~2000
	嘧菌酯（真菌F）	枯萎病	水分散粒剂	500~1000
	百菌清（真菌F）	白粉病、霜霉病、炭疽病等	可湿性粉剂	600~800
	甲基托布津（真菌F）	防治赤霉病、纹枯病、菌核病、叶斑病、黑星病、立枯病、白粉病、灰霉病、炭疽病	可湿性粉剂	800
	杜邦、可杀得三千（细菌B）	炭疽病、早疫病等	水分散粒剂	1500~2000
	绿色大生（细菌B）	防治炭疽病、轮纹病、黑星病、白腐病	可湿性粉剂	800
	敌力脱（真菌F）	防治香蕉叶斑病、小麦白粉病、根腐病、锈病和纹枯病	乳油	950
	精甲霜灵	霜霉菌、疫霉菌、腐霉病等	乳油	800~1000
	三唑酮（真菌F）	锈病、白粉病	可湿性粉剂	300~500
杀虫/螨剂	红杀 苯丁*哒螨灵	叶螨	乳油	1500
	吡虫啉	蚜虫	可湿性粉剂	1500
	毒死蜱	卷叶螟	乳油	300
	啶虫脒	蚜虫	乳油	2200
	乙基多杀菌素	蓟马	悬浮剂	1500
	高效氯氰菊酯	天牛	微囊剂	200~300
	阿维菌素	螨虫及其他害虫	乳油	1500
	矿物油	介壳虫	乳油	200

复习思考题

1. 苗木上盆前需要做哪些准备工作？结合裸根苗、土球苗分别阐述。

2. 培育容器苗换盆不及时将对苗木产生什么影响？如何判断苗木需要换盆？

3. 画出流程图展示从1年生裸根苗上盆至10年生大规格容器苗出圃的四个培育阶段与三次换盆过程。

4. 快速生长季将容器苗半埋和全埋培育将会产生什么后果？

5. 苗木灌溉水质有什么要求？常见大规格容器苗灌溉系统是什么，这种灌溉系统组成要素是什么？

6. 容器苗培育主干矫正技术要点是什么？

7. 大规格容器苗施肥关键技术是什么？

8. 常见树体结构和分枝类型分别是什么？

9. 以示意流程图的形式展示大规格容器苗整个培育阶段的提干和竞争枝修剪技术。

10. 试述大规格容器苗风倒预防的主要措施。

11. 如何避免大规格容器苗日灼？

12. 试述大规格容器苗冻害、病虫害防治的主要方法。

第7章 出 圃

[本章提要]

    本章是大规格容器苗培育的最后一个环节，主要包括苗木质量评价标准、检疫、出圃时间、出圃准备、吊装、运输等。

    大规格容器苗可周年出圃。出圃的容器苗除了满足树高、胸径、冠幅、分支点要求外，还需考虑根团和树冠结构，根团完整，长势良好，无截干，无损伤及病虫害。树体结构合理，针叶树种分支点满足客户需求，主干明显的落叶树种由主干、中心干、中央领导枝、中央领导枝枝头形成纵向骨架，主枝由下至上错落分布、间距合理、渐进式缩小，侧枝有序，由主干向外渐次缩小延伸；冠形完整、不偏冠、无病虫害、无机械损伤。

    苗木出圃前按照行业或地方标准进行检疫，并满足相关标准要求。出圃时，将苗木按照高度或者胸径分级，按照客户需求分级定价销售。树干和一级分枝缠绕麻绳或者毛毡，防止吊装、运输过程中损失树皮（图7-1）。出圃时树冠尽可能不修剪保持原冠，为减少树冠体积与运输成本、减少运输途中树冠碰损，可用绳子捆住树冠，但不宜太紧，以利于空气通透防止湿润叶片发霉（图7-2）。

图7-1　树干保护

图7-2　出圃时树冠绑扎

吊装时应配备技术熟练的人员统一指挥，具有资质的操作人员应按安全规定作业，吊装过程中保证根团完整。可采用吊车装车。美植袋、控根容器配有铁丝框，起吊前钩入铁丝框的吊环处，确认钩牢后起吊装车（图7-3、图7-4；视频7-1）。塑料容器应在外围捆缚绳套，防止容器破碎，保持苗木根团完整，起吊前钩入绳套。

视频7-1　出圃

容器苗装车运输时，需根据运输目的地、容器和苗木规格进行分类摆放，规格较大的容器苗需将容器叠加斜放，规格相对较小的容器苗则可竖立摆放（图7-5、图7-6），然后再用帆布覆盖防风或者防雨。出圃运输时需携带当地检疫部门的检疫证明，运输途中注意检查覆盖是否被风吹开。长时间运输的苗木，还需检查根系是否失水，必要时浇水保湿。

图7-3　美植袋容器苗出圃时铁丝网打包

图7-4　容器苗吊装

图7-5　容器苗运输时装车摆放

图7-6　容器苗运输时装车摆放

复习思考题

1. 大规格容器苗出圃时，如何做好苗木保护？

2. 如何吊装大规格容器苗？

3. 大规格容器苗运输时如何摆放？如果路途较远，如何保护苗木活力？

主要参考文献

ANSI，2014.American Standard for Nursery Stock：ANSI Z60.1–2014[S].[2014].

Dumroese R K，Luna T，Landis T D，2009.Nursery manual for native plants[M].Washington（DC）：USDA Forest Service，Agricultural Handbook 730.

Dumroese R K，Montville M E，Pinto J R，2014.Using container weights to determine irrigation needs：a simple method [J]. Native Plants Journal，16（1）：67–71.

Grossnickle S C，El–Kassaby Y A，2016.Bareroot versus container stocktypes：a performance comparison[J]. New Forests，47：1–51.

Landis T D，1990.Containers and growing media.Volume Two.The container tree nursery manual[M].Washington（DC）：USDA Forest Service，Agricultural Handbook.

Landis T D，Tinus R W，Barnett J P，1998.The container tree nursery manual.Volume Six.Seedling propagation[M]. Washington（DC）：USDA Forest Service，Agricultural Handbook.

Landis T D，Tinus R W，McDonald S E，et al，1989.The container tree nursery manual.Volume Four.Seedling nutrition and irrigation[M]. Washington（DC）：USDA Forest Service，Agricultural Handbook.

Pooter H，Bühler J，van Dusschoten D，et al，2012.Pot size matters：a meta–analysis of the effects of rooting volume on plant growth[J].Functional Plant Biology，39：839–850.

北京市质量技术监督局，2003.园林绿化用植物材料木本苗：DB11/T 211—2003[S].[2003–09–20].

北京市质量技术监督局，2007.林木育苗技术规程：DB11/T 476—2007[S].[2007–06–01].

北京市质量技术监督局，2010.大规格苗木移植技术规程：DB11/T 748—2010[S].[2010–09–25].

北京市质量技术监督局，2017.节水型苗圃建设规范：DB11/T 1499—2017[S].[2017–12–15].

陈有民，2016.园林树木学（第2版）[M].北京：中国林业出版社.

成仿云，2016.园林苗圃学[M]. 北京：中国林业出版社.

邓华平，杨桂娟，王正超，等，2011.容器大苗培育技术研究现状[J].世界林业研究，24（02）：36–41.

葛红英，江胜德，2003.穴盘种苗生产[M].北京：中国林业出版社.

郭育文，2013.园林树木的整形修剪技术及研究方法[M].北京：中国建筑工业出版社.

国家技术监督局，1985.育苗技术规程：GB/T 6001—1985[S].[1985–05–18].

国家质量技术监督局，1999.主要造林树种苗木质量分级：GB 6000—1999[S].[1999–11–10].

李程伟，彭火辉，陈华玲，等，2018.园林绿化大苗容器化培育关键技术[J].现代园艺（03）：73–74.

李国雷，刘勇，祝燕，等，2012.国外容器苗质量调控技术研究进展[J]. 林业科学，48（8）：135–142.

李娟利，屈永建，2018.城市园林树木养护与管理技术[J].现代园艺（03）：75–76.

李艳，2018.简析大规格花灌木容器苗培育技术要求[J].现代园艺（09）：82–83.

刘勇，2019.林木种苗培育学[M].北京：中国林业出版社.

沈海龙，2009.苗木培育学[M].北京：中国林业出版社.

翟明普，沈国舫，2016.森林培育学[M].北京：中国林业出版社.

中国国家标准化管理委员会，2005.农田灌溉水质标准：GB 5084—2005[S].[2005–07–21].

中国国家标准化管理委员会，2009.林业植物及其产品调运检疫规程：GB/T 23473—2009[S].[2009–04–01].

中华人民共和国林业部，1992.容器育苗技术：LY/T 1000—91[S].[1991–04–30].

附　图

容器苗春季开花　附图A1~A11（山东俄乐岗苗木繁育技术有限公司，2020年3月底至4月初拍摄）

附图A1　北美海棠'路易莎'

附图A2　北美海棠'亚当'

附图A3　北美海棠'舞台时间'

附图 A4　北美海棠‘红宝石’

附图A5　北美海棠'雪堆'

附图A6　日本樱花'染井吉野'

附图A7　垂枝樱花'雪喷泉'

附图A8　日本樱花'关山樱'

附图A9　北美海棠'红孔雀'

附图A10　豆梨'克利夫兰精选'

附图A11　紫叶李

容器苗夏末状态　附图 B1~B32（山东俄乐岗苗木繁育技术有限公司，2019 年 9 月初拍摄）

附图 B1　沼泽白橡木

附图 B2　猩红栎

附图B3　沼生栎'针栎'

附图B4　沼生栎'绿柱'

附图B5　沼生栎'太平洋光辉'

附图B6　北美红栎

附图B7　北美海棠'缤纷'

附图B8　北美海棠'光芒'

附图B9 北美海棠'缤纷'的果实

附图B10 北美海棠'光芒'的果实

附图B11　北美海棠'红色巴比伦'

附图B12　北美海棠'皇家'

附图B13　北美海棠'罗宾逊'

附图B14　北美海棠'太平洋之火'

附图B15　北美海棠'亚当'

附图B16　北美海棠'太平洋之火'的果实

附图B17　北美海棠'亚当'的果实

附图B18　北美海棠'印度魔术'

附图B19　美洲椴'雷蒙德'

附图B20　欧洲小叶椴'柯林斯'

附图 B21 欧洲小叶椴'格兰芬'

附图B22　欧洲小叶椴'绿顶'

附图 B23　豆梨'克拉夫兰精选'

附图B24 豆梨'殿级堂'

附图B25　豆梨'贵族'

附图B26　豆梨'红塔'

附图 B27　豆梨'资本'

附图 B28　光叶榉 '武藏野'

附图 B29　自由人槭 '秋天的幻想'

附图 B30　自由人槭'阿姆斯特朗'

附图 B31 糖槭 '秋季嘉年华'

附图 B32　红花槭'夕阳红'

容器苗秋季变色状态　附图C1～C7（山东俄乐岗苗木繁育技术有限公司，2019年10月底拍摄）

附图C1　沼生栎‘针栎’

附图C2　沼生栎'绿柱'

附图 C3　沼生栎'太平洋光辉'

附图C4　北美红栎

附图C5　沼生栎'太平洋光辉'秋季叶片变色（一）

附图C5　沼生栎'太平洋光辉'秋季叶片变色（二）

附图C6　沼泽白橡木秋季叶片变色

附图C7　北美红栎秋季叶片变色

容器苗秋季变色景观效果　附图D1～D10（山东俄乐岗苗木繁育技术有限公司，2019年11月初拍摄）。

附图D1　猩红栎

附图D2　沼生栎'针栎'

附图D3　糖槭'传奇'

附图D4　糖槭'绿山'

附图D5　红花槭'夕阳红'

附图D6　自由人槭'秋日梦幻'

附图D7　豆梨'克利夫兰精选'

附图D8　欧洲小叶椴'绿顶'

附图D9　近景为红花槭'夕阳红'，远景为自由人槭'秋日梦幻'

附图D10　红花槭'夕阳红'与沼生栎'针栎'

元宝枫四种变色状态　附图E1～E4（北京市大东流苗圃，2019年11月初拍摄）

附图E1　元宝枫

附图E2　元宝枫

附图E3　元宝枫

附图E4　元宝枫